あした話したくなる

わくわく　どきどき
宇宙《うちゅう》のひみつ

朝日新聞出版

地球《ちきゅう》を飛《と》び出《だ》し、広《ひろ》い宇宙《うちゅう》を旅《たび》しよう！

地球《ちきゅう》のご近所《きんじょ》

太陽系《たいようけい》を見《み》てみよう

太陽《たいよう》
水星《すいせい》
金星《きんせい》
地球《ちきゅう》
月《つき》
火星《かせい》
イマココ!
地球《ちきゅう》
太陽系第《たいようけいだい》３惑星《わくせい》。私《わたし》たちが住《す》む惑星《わくせい》です。
ヒミツの宇宙船《うちゅうせん》に乗《の》るよ！

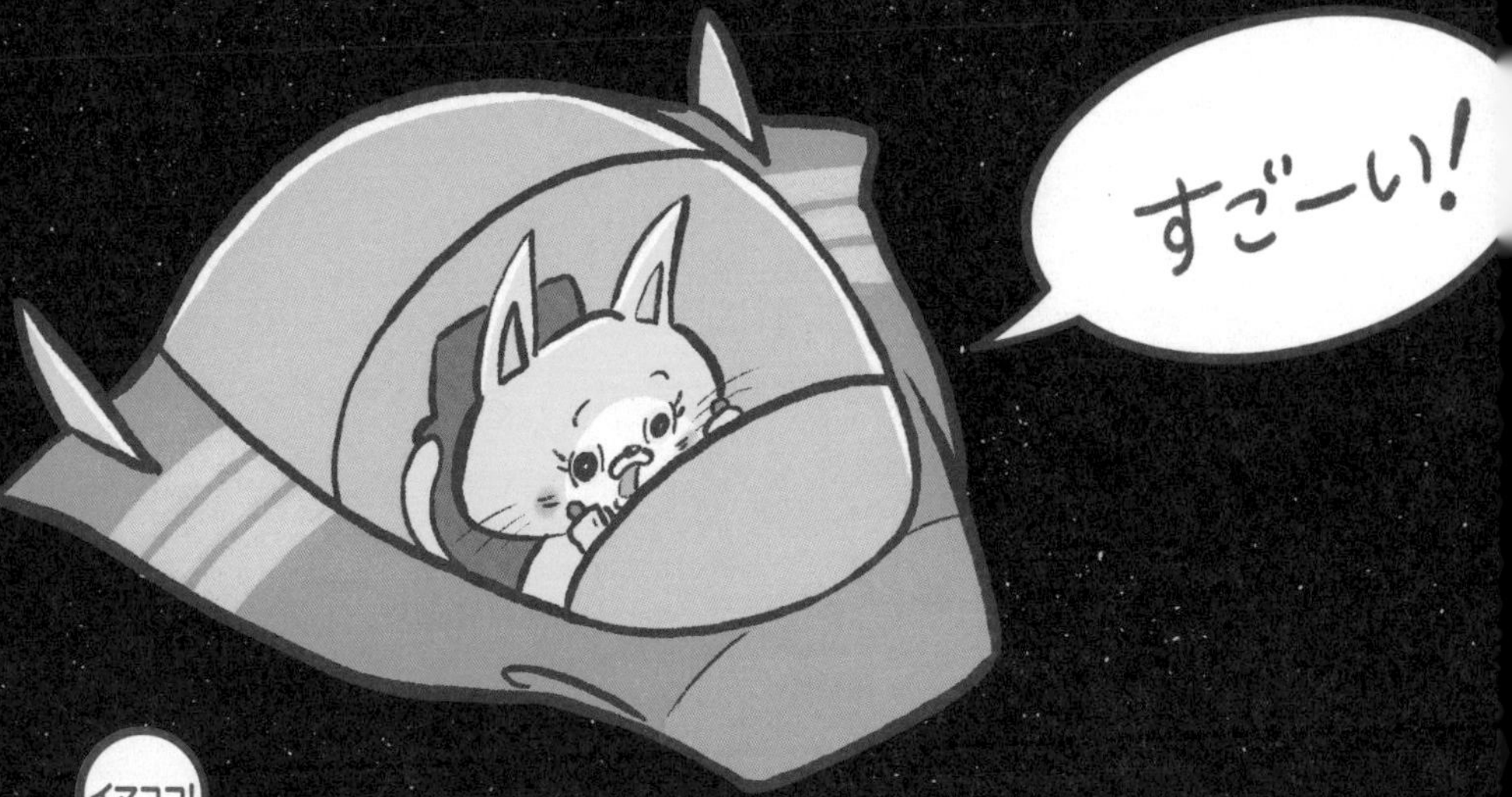

イマココ!

太《たい》陽《よう》系《けい》

私《わたし》たちの住《す》む地球《ちきゅう》は、太陽《たいよう》の周《まわ》りを回《まわ》る８つの惑星《わくせい》のひとつなんだ。太陽《たいよう》を中心《ちゅうしん》としたたくさんの天体《てんたい》や物《ぶっ》質《しつ》の集《あつ》まりを「太陽系《たいようけい》」と呼《よ》ぶよ。

太陽系《たいようけい》を抜《ぬ》けて1億《おく》光年《こうねん》先《さき》の宇宙《うちゅう》へ

天《あま》の川銀河《がわぎんが》
(銀河系《ぎんがけい》)

太陽系《たいようけい》の外《そと》にも、同《おな》じような星《ほし》や物《ぶっ》質《しつ》の集《あつ》まりが数《かぞ》えきれないほどあるよ。太陽系《たいようけい》を含《ふく》めた、星《ほし》の大集団《だいしゅうだん》を「天《あま》の川銀河《がわぎんが》」というんだ。

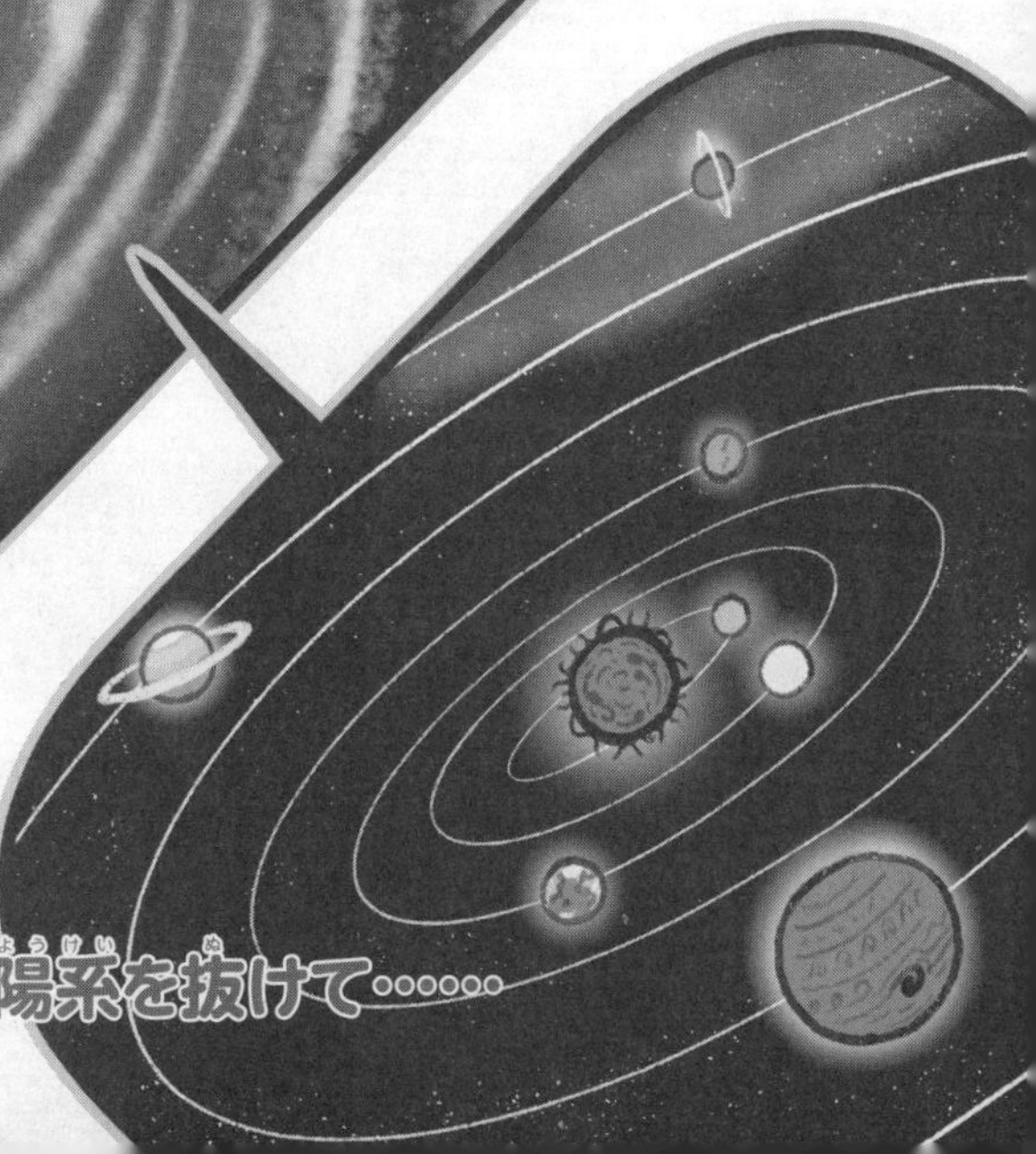

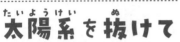

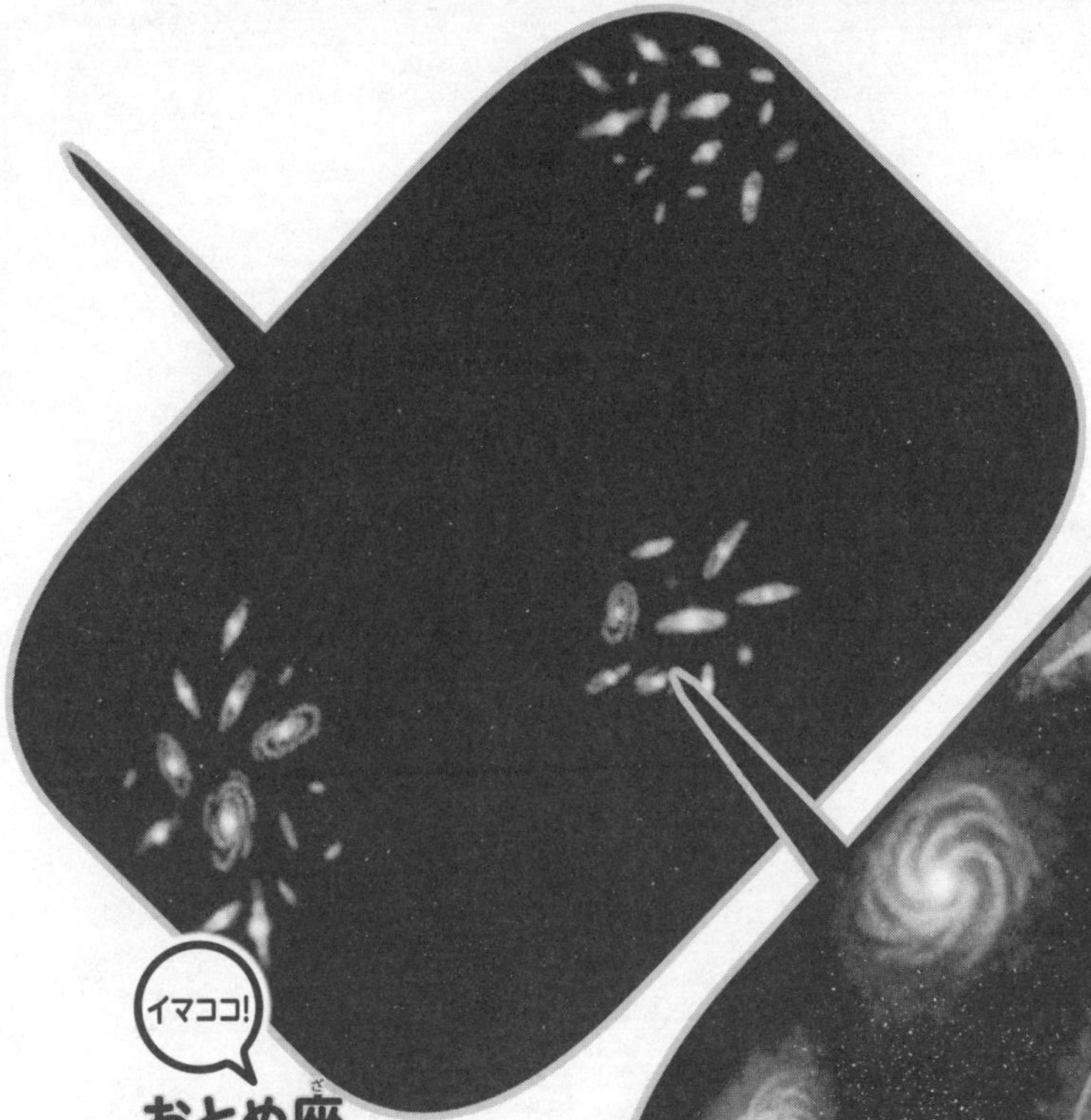

おとめ座《ざ》超銀河団《ちょうぎんがだん》

局部銀河群《きょくぶぎんがぐん》でさえ、宇宙《うちゅう》の中《なか》ではありふれた銀河《ぎんが》の集《あつ》まりだよ。局部銀河《きょくぶぎんが》群《ぐん》を含《ふく》むさらに大《おお》きな集《あつ》まりを「おとめ座《ざ》超銀河《ちょうぎんが》団《だん》」と呼《よ》ぶんだ。1億光《おくこう》年《ねん》くらいの範囲《はんい》だよ。

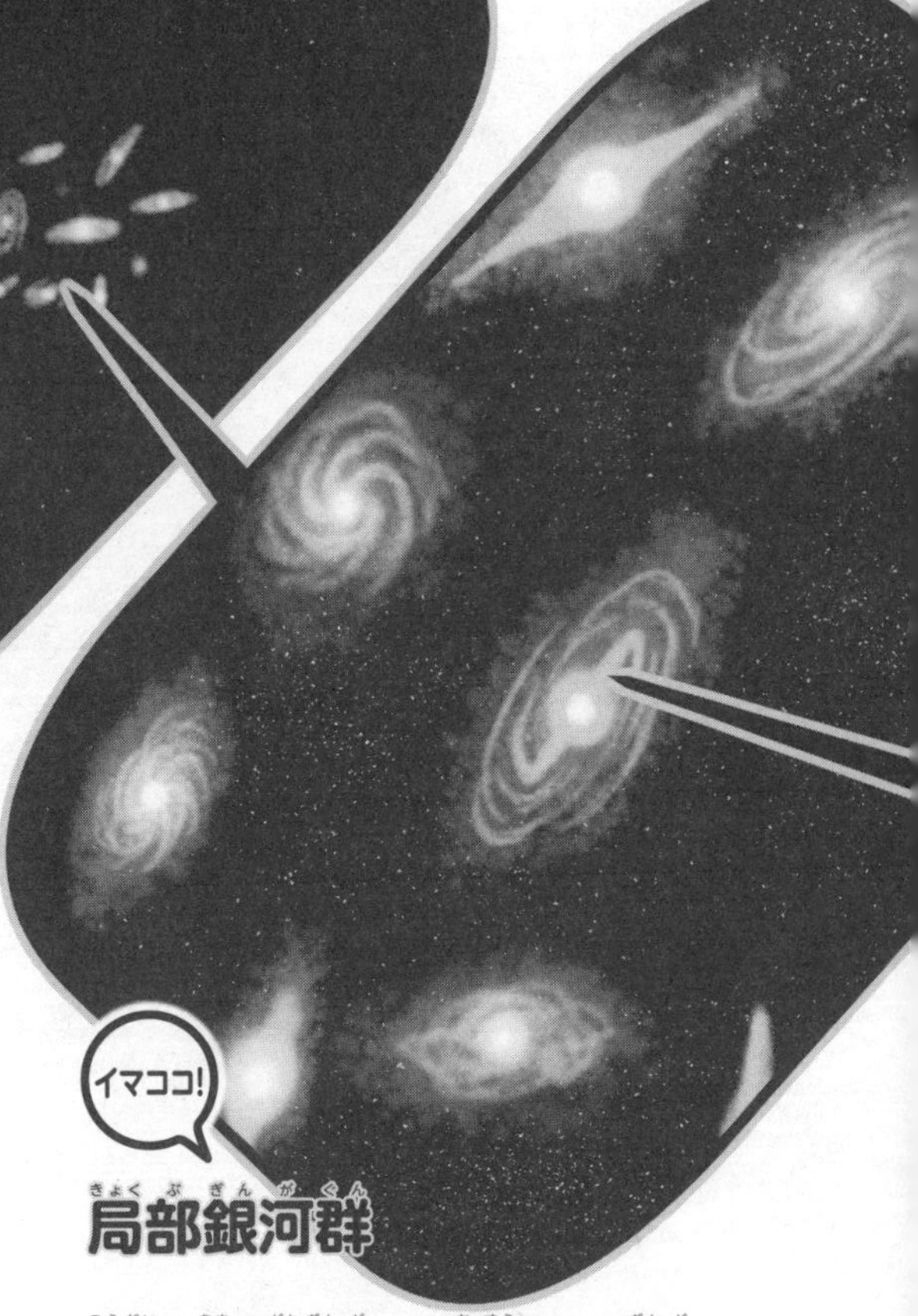

局部銀河群《きょくぶぎんがぐん》

広大《こうだい》な天《あま》の川銀河《がわぎんが》も、無数《むすう》にある銀河《ぎんが》のひとつにすぎないんだ。天《あま》の川銀河《がわぎんが》の近所《きんじょ》にある、50個《こ》ほどの銀河《ぎんが》を集《あつ》めて、「局部銀河群《きょくぶぎんがぐん》」と呼《よ》ぶよ。近所《きんじょ》といっても、直径《ちょっけい》600万光年《まんこうねん》（光《ひかり》の速《はや》さで600万年《まんねん》かかる距離《きょり》。→28ページ）の範囲《はんい》だけどね。

果《は》てのない宇宙《うちゅう》のかなた

宇宙《うちゅう》にはナゾがいっぱい!

ニャー!

イマドコ?

宇宙《うちゅう》の大規模構造《だいきぼこうぞう》

宇宙《うちゅう》には、たくさん銀河団《ぎんがだん》が集《あつ》まっているところと、スカスカでほとんど何《なに》もないところがあるよ。せっけんの泡《あわ》みたいな形《かたち》なんだって。これを「宇宙《うちゅう》の大規模《だいきぼ》構造《こうぞう》」と呼《よ》ぶんだ。

夢《ゆめ》でも見《み》てた?
おはよう!
ハッ!
宇宙《うちゅう》はなんて広《ひろ》いんだニャ!

イラスト:イケウチリリー

もくじ

おもわずびっくり！ 宇宙《うちゅう》のすがた 1章《しょう》

2章《しょう》

キセキがいっぱい！

地《ち》球《きゅう》・太《たい》陽《よう》・月《つき》

地球《ちきゅう》のご近所《きんじょ》!

太陽系《たいようけい》

3章《しょう》

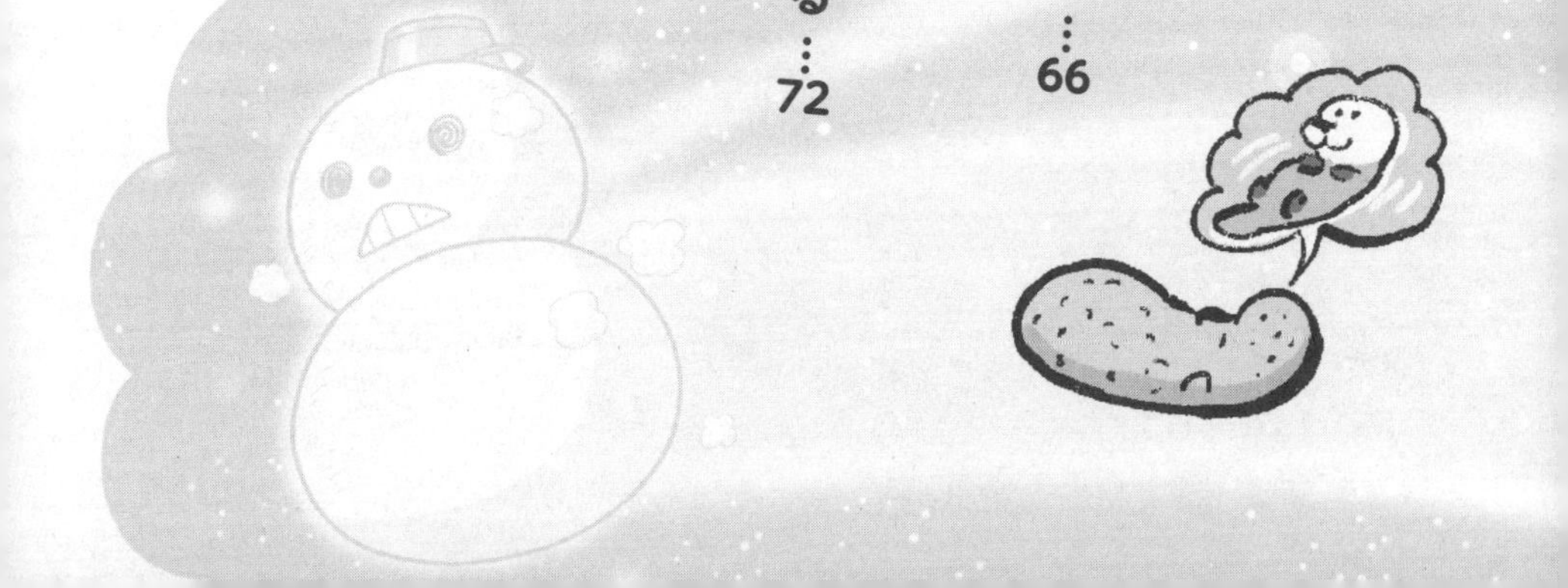

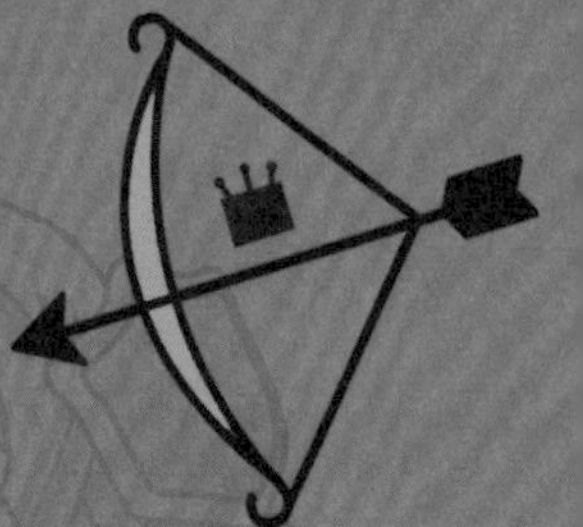

4章《しょう》

夜空《よぞら》に輝《かがや》く！

もっと知《し》りたい！

宇宙の冒険

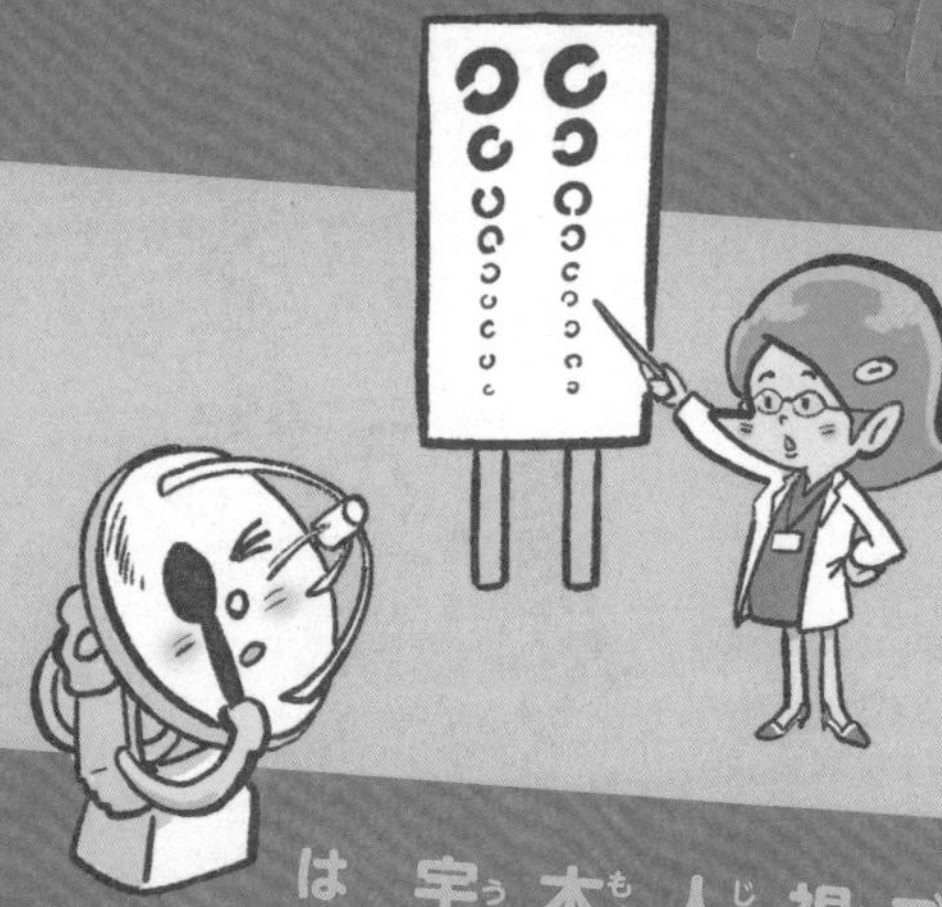

5章《しょう》

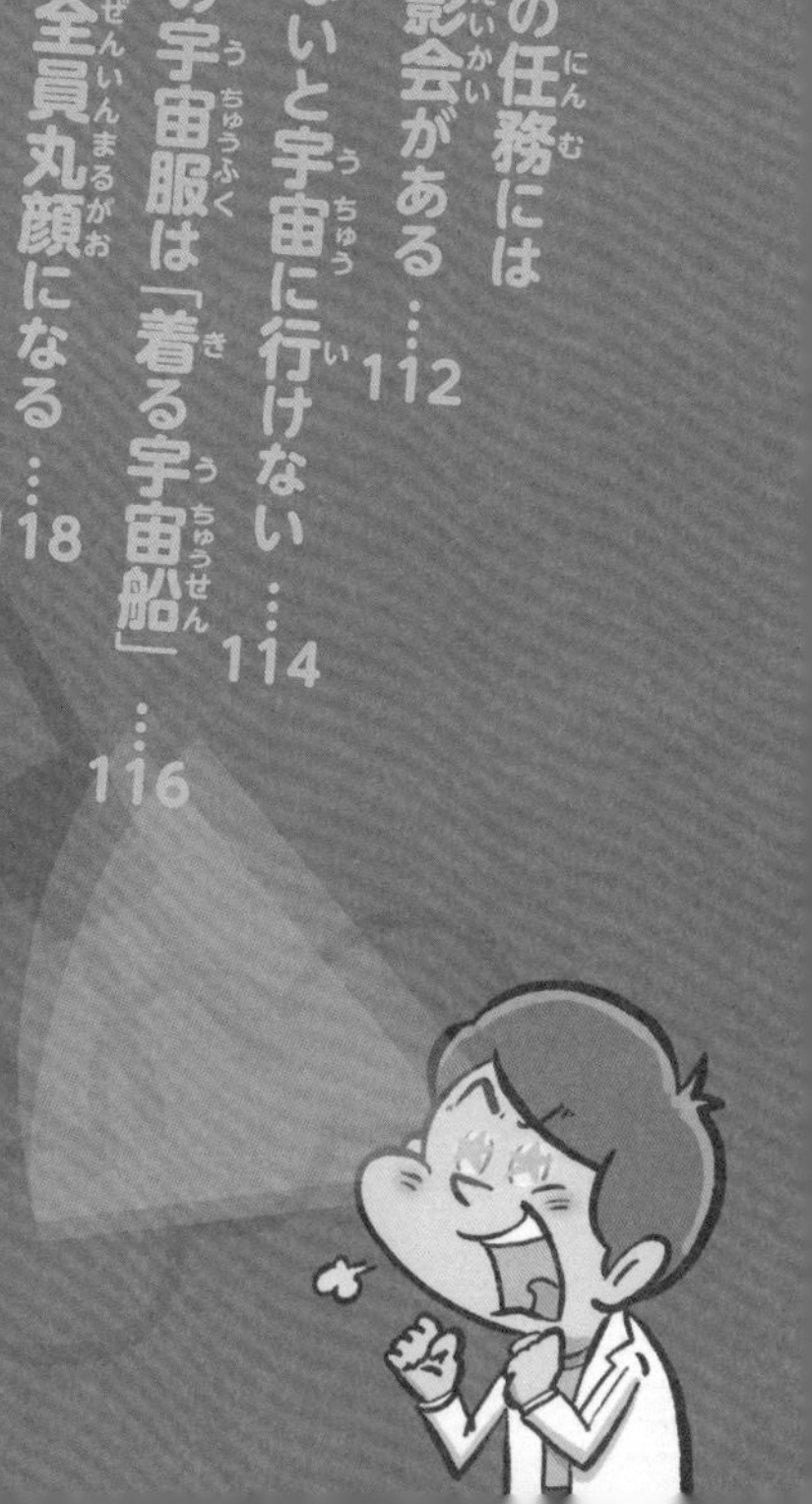

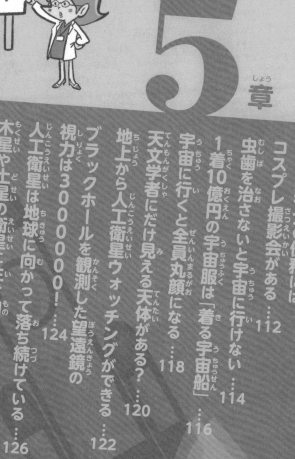

宇宙《うちゅう》のナゾと夢《ゆめ》に挑《いど》め！

アツい！先駆者《せんくしゃ》伝説《でんせつ》

宇宙《うちゅう》コソコソこぼれ話《ばなし》

この本《ほん》のいちばんさいごに

おまけコラムがあります

1章《しょう》

おもわずびっくり！
宇《う》宙《ちゅう》のすがた

宇《う》宙《ちゅう》のにおいはこげたラズベリー

冷凍庫《れいとうこ》でキンキンに冷《ひ》やしたアルミのお弁当箱《べんとうばこ》に、串焼《くしや》きにしたラズベリーを入《い》れて、においをかいでみましょう。

それが宇宙《うちゅう》のにおいとされています。

宇宙《うちゅう》には空気《くうき》がありません。でも、星《ほし》をつくる元《もと》となるたくさんの物質《ぶっしつ》やガスがあります。何《なに》もない、さびしい場所《ばしょ》ではないのです。

ツンとした甘酸《あまず》っぱいにおいがするよ

イラスト：笠原ひろひと

カラーコード
「#FFF8E7」

星《ほし》の光《ひかり》を混《ま》ぜると
ベージュ色《いろ》になる

約《やく》20万個《まんこ》の銀河《ぎんが》が放《はな》つ星《ほし》の光《ひかり》の色《いろ》を平均《へいきん》すると、ベージュ色《いろ》に見《み》えるんだって。この色《いろ》は、「コズミック・ラテ」（上《うえ》のカラーコードを見《み》てね）と名付《なづ》けられたよ。

息《いき》ができないし音《おと》も聞《き》こえない

宇宙空間《うちゅうくうかん》には空気《くうき》がないので息《いき》ができないよ。音《おと》は空気《くうき》がふるえることで伝《つた》わるので、音《おと》も聞《き》こえないんだ。

めちゃくちゃ寒《さむ》い！

宇宙空間《うちゅうくうかん》の温度《おんど》はマイナス270℃。地球《ちきゅう》が暖《あたた》かいのは、太陽《たいよう》の光《ひかり》が地面《じめん》を暖《あたた》めてくれているからなんだ。

星《ほし》は、世界中《せかいじゅう》の砂粒《すなつぶ》よりもたくさんある

一説《いっせつ》によると、世界中《せかいじゅう》の海岸《かいがん》にある砂粒《すなつぶ》の数《かず》は、およそ1000垓個《がいこ》。宇宙《うちゅう》にある星《ほし》の数《かず》は、さらにその10倍《ばい》の1秭個《じょこ》あると考《かんが》えられています。垓《がい》や秭《じょ》なんて、ふだんは使《つか》うことがないほど大《おお》きい数《かず》の単位《たんい》ですね。

1秭《じょ》は、1兆《ちょう》の1兆倍《ちょうばい》。数字《すうじ》にすると、1000000000000000000000000個《こ》です。

目《め》が回《まわ》りそうなほど、宇宙《うちゅう》にはたくさんの星《ほし》があります。

イラスト：西原宏史

宇宙《うちゅう》全体《ぜんたい》の星《ほし》の数《かず》
約《やく》1000000000000000000000000（1秭《じょ》）個《こ》？
地球《ちきゅう》から3億光年《おくこうねん》の範囲《はんい》にある星《ほし》の数《かず》
約《やく》70000000000000000000000（700垓《がい》）個《こ》
天《あま》の川《がわ》銀河《ぎんが》にある星《ほし》の数《かず》
1000億《おく》～4000億個《おくこ》
肉眼《にくがん》で見《み》える星《ほし》の数《かず》
約《やく》8600個《こ》

オーロラ　地上《ちじょう》100～500㎞
宇宙《うちゅう》
地上《ちじょう》100㎞
空《そら》
流《なが》れ星《ぼし》　地上《ちじょう》80～130㎞
飛行機《ひこうき》　地上《ちじょう》10㎞付近《ふきん》

イラスト:リーカオ

国際《こくさい》宇《う》宙《ちゅう》ステーション　地《ち》上《じょう》400㎞

オーロラが光《ひか》っている場《ば》所《しょ》はもう宇《う》宙《ちゅう》

空《そら》と宇《う》宙《ちゅう》の境《さかい》目《め》は、はっきり決《き》まっています。

地《ち》上《じょう》から高《たか》さ100㎞。

それよりも高《たか》い場《ば》所《しょ》は、もう宇《う》宙《ちゅう》です。

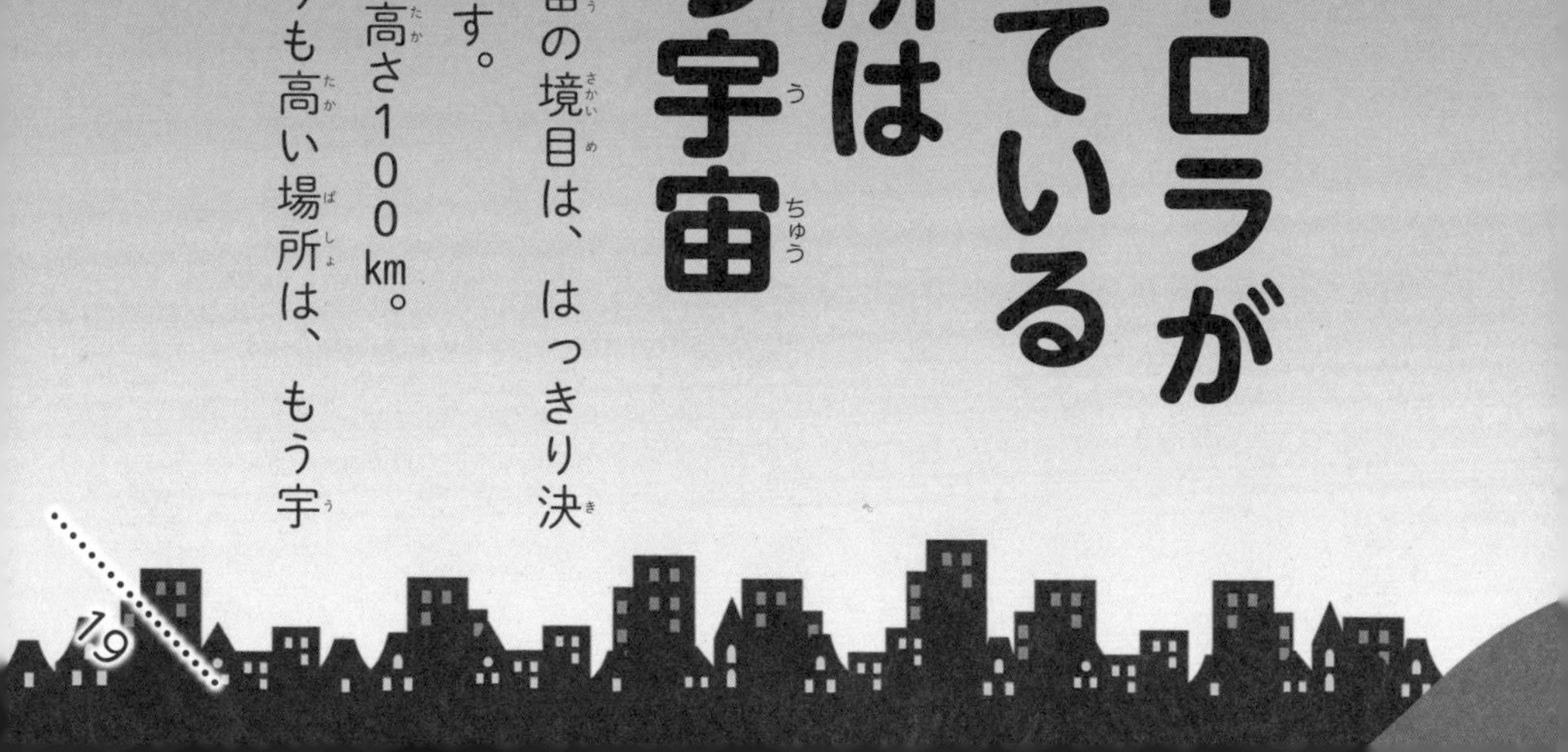

宇《う》宙《ちゅう》の物《ぶっ》質《しつ》は95%がナゾ

ナゾのエネルギー

ダークエネルギー（暗黒《あんこく》エネルギー）

68%

宇《う》宙《ちゅう》全体《ぜんたい》は、今《いま》もスピードを上《あ》げてふくらんでいる。ダークエネルギーが重力《じゅうりょく》に逆《さか》らって宇宙《うちゅう》を押《お》し広《ひろ》げているためだと考《かんが》えられているんだ。

イラスト：イケウチリリー

宇宙空間《うちゅうくうかん》の中《なか》で、私《わたし》たちが見《み》ることができる「元素《げんそ》」は、たった5%。残《のこ》りの95%は、目《め》に見《み》えない謎《なぞ》の物質《ぶっしつ》やエネルギーで満《み》たされています。

私《わたし》たちが知《し》っている物質《ぶっしつ》

元素《げんそ》

5%

ナゾの物質《ぶっしつ》

ダークマター（暗黒物質《あんこくぶっしつ》）

27%

まとまるととても強《つよ》い重力《じゅうりょく》を持《も》つ。銀河《ぎんが》と銀河《ぎんが》をつなぎとめているとされているよ。その重力《じゅうりょく》の強《つよ》さは、光《ひかり》の進路《しんろ》を曲《ま》げるほどなんだって。

散光星雲《さんこうせいうん》

宇宙空間《うちゅうくうかん》に漂《ただよ》うガスやチリが、近《ちか》くにある星《ほし》の光《ひかり》などに照《て》らされて、輝《かがや》いて見《み》えるんだ。

バラ星雲《せいうん》
（いっかくじゅう座《ざ》の方向《ほうこう》）

地球《ちきゅう》から約《やく》4600光年《こうねん》。バラの花《はな》の中心《ちゅうしん》には、新《あたら》しい星《ほし》が集《あつ》まった散開星団《さんかいせいだん》がキラキラ輝《かがや》いているよ。

北《きた》アメリカ星雲《せいうん》
（はくちょう座《ざ》の方向《ほうこう》）

地球《ちきゅう》から約《やく》2000光年《こうねん》。夏《なつ》の大三角《だいさんかく》をつくる星《ほし》の一《ひと》つ、デネブの近《ちか》くにあるよ。北《ほく》米大陸《べいたいりく》の形《かたち》に似《に》ていることから名前《なまえ》が付《つ》いたんだ。

オリオン大星雲《だいせいうん》
（オリオン座《ざ》の方向《ほうこう》）

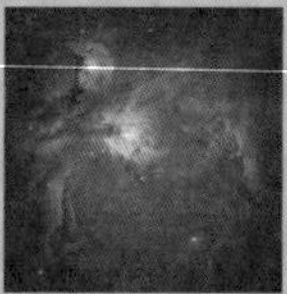

地球《ちきゅう》から約《やく》1400光年《こうねん》。オリオン座《ざ》の下半分《したはんぶん》の真《ま》ん中《なか》あたりにあって、肉眼《にくがん》でも見《み》えるよ。

宇宙空間《うちゅうくうかん》には、冷《つめ》たいガスとチリが集《あつ》まって、雲《くも》のように見《み》える「星雲《せいうん》」があります。ここは、星《ほし》が新《あたら》しく生《う》まれたり、死《し》んでいったりする場所《ばしょ》です。

星《ほし》が生《う》まれるタイプの星雲《せいうん》には、暗《くら》くて目《め》では見《み》えない「暗黒星雲《あんこくせいうん》」と、まわりの星《ほし》の光《ひかり》を受《う》けて明《あか》るく輝《かがや》く「散光星雲《さんこうせいうん》」があります。ガスやチリがところどころで濃《こ》くなって集《あつ》まり、ぎゅっと固《かた》まって、新《あら》たな星《ほし》ができあがります。

地球《ちきゅう》から見《み》た星雲《せいうん》の形《かたち》はさまざま。バラの花《はな》や翼《つばさ》を広《ひろ》げたわしのように見《み》えるものもあります。

バラの花《はな》から星《ほし》の赤《あか》ちゃんが生《う》まれる!?

暗黒星雲《あんこくせいうん》

宇宙空間《うちゅうくうかん》に浮《う》かぶガスやチリが濃《こ》く集《あつ》まって、背後《はいご》からの光《ひかり》をおおい隠《かく》してしまう。そのため、地球《ちきゅう》から見《み》るとその一帯《いったい》だけが黒《くろ》っぽく見《み》えるんだ。

わし星雲《せいうん》の「創造《そうぞう》の柱《はしら》」（へび座《ざ》の方向《ほうこう》）

地球《ちきゅう》から約《やく》5500光年《こうねん》。「創造《そうぞう》の柱《はしら》」と呼《よ》ばれる暗黒星雲《あんこくせいうん》の姿《すがた》が、わし星雲《せいうん》の真《ま》ん中《なか》あたりにあるよ。わし星雲《せいうん》そのものは散光星雲《さんこうせいうん》と散開星団《さんかいせいだん》でできているんだ。

馬頭星雲《ばとうせいうん》（オリオン座《ざ》の方向《ほうこう》）

地球《ちきゅう》から約《やく》1100光年《こうねん》。巨大《きょだい》な暗黒星雲《あんこくせいうん》の一部《いちぶ》で、馬《うま》の頭《あたま》が突《つ》き出《だ》しているように見《み》えるよ。

「ビッグバン」はダジャレから名《な》付《づ》けられた

宇宙《うちゅう》は最初《さいしょ》、目《め》に見《み》えないほど小《ちい》さく、ものすごく熱《あつ》い火《ひ》の玉《たま》のような状態《じょうたい》でした。それが大爆発《だいばくはつ》してふくらみ、のちに私《わたし》たちの住《す》む地球《ちきゅう》や太陽《たいよう》、銀河《ぎんが》が生《う》まれました。この大爆発《だいばくはつ》を「ビッグバン」と言《い》います。

名前《なまえ》を付《つ》けたのは、フレッド・ホイルというイギリスの天文学者《てんもんがくしゃ》です。でも、ホイル本人《ほんにん》はこの理論《りろん》を信《しん》じていませんでした。

彼《かれ》は、宇宙《うちゅう》は時間《じかん》とともに変化《へんか》するものではなく、始《はじ》まりはないと考《かんが》えていました。

そのためホイルは、ラジオ番組《ばんぐみ》で「宇宙《うちゅう》はビッグなバーン（爆発《ばくはつ》）で生《う》まれたと主張《しゅちょう》する者《もの》がいる（笑《わらい》）」と皮肉《ひにく》のつもりでダジャレを言《い》ったのです。

しかし後《のち》に、ビッグバン説《せつ》は正《ただ》しいことが認《みと》められ、冗談《じょうだん》が正式《せいしき》な名前《なまえ》として採用《さいよう》されてしまったのでした。

それ採用《さいよう》！

ビッグバンの証拠《しょうこ》は1964年《ねん》に、宇宙《うちゅう》のどの方向《ほうこう》からもやってくる電波《でんぱ》として見《み》つかった。発見《はっけん》した研究者《けんきゅうしゃ》たちは、アンテナに入《はい》るノイズを不審《ふしん》に思《おも》い、最初《さいしょ》のうちはアンテナについたハトのフンが原《げん》因《いん》かも、と思《おも》って掃除《そうじ》をしたそうだ。それでもノイズは消《き》えず、大発見《だいはっけん》につながった。すごいね！

ビッグバーン
なんちゃって(笑)
POPCORN

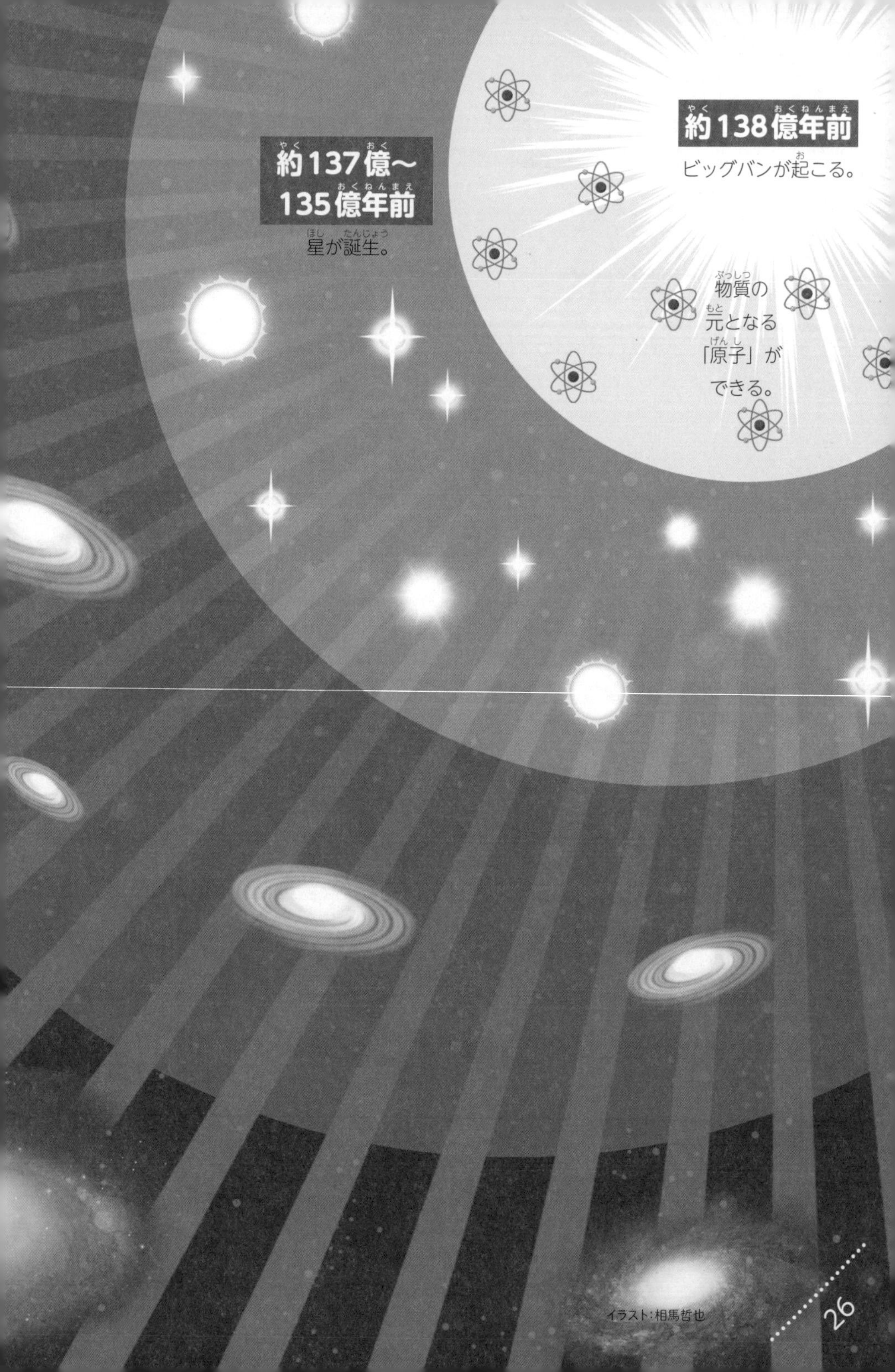
約《やく》138億年前《おくねんまえ》
ビッグバンが起《お》こる。
物質《ぶっしつ》の
元《もと》となる
「原子《げんし》」が
できる。
約《やく》137億《おく》〜
135億年前《おくねんまえ》
星《ほし》が誕生《たんじょう》。
イラスト：相馬哲也

宇《う》宙《ちゅう》は今《いま》も広《ひろ》がっている

宇宙《うちゅう》が誕生《たんじょう》したのは約《やく》138億年前《おくねんまえ》。「ビッグバン」と呼《よ》ばれる大爆発《だいばくはつ》があり、ものすごいスピードで広《ひろ》がっていきました。

じつは宇宙《うちゅう》は、今《いま》でも広《ひろ》がり続《つづ》けています。そのことに気《き》が付《つ》いたのは、アメリカのエドウィン・ハッブルです。彼《かれ》は、1917年《ねん》に完成《かんせい》した、当時世界一《とうじせかいいち》の大《おお》きさだった天体望遠鏡《てんたいぼうえんきょう》で、銀河《ぎんが》の研究《けんきゅう》をしていました。そのとき、地球《ちきゅう》から見《み》ると、遠《とお》くにある銀河《ぎんが》は、ものすごい速《はや》さで遠《とお》ざかっていくように見《み》えることに気《き》が付《つ》きました。そして1929年《ねん》、宇宙全体《うちゅうぜんたい》が風船《ふうせん》のように広《ひろ》がり続《つづ》けていることを見《み》つけたのです。

いつか止《と》まるのか、それとも永遠《えいえん》に続《つづ》くのかは、まだ謎《なぞ》のままです。

約《やく》135億《おく》〜132億年前《おくねんまえ》

銀河《ぎんが》が誕生《たんじょう》。

現在《げんざい》の宇宙《うちゅう》

広《ひろ》がるスピードはどんどん速《はや》くなっている。

未来《みらい》の宇宙《うちゅう》

ゆるやかに広《ひろ》がり続《つづ》ける、ある程度《ていど》広《ひろ》がったら縮《ちぢ》まる、急激《きゅうげき》に広《ひろ》がってあらゆるものが引《ひ》き裂《さ》かれるなど、いろいろな仮説《かせつ》があるよ。

40億《おく》年《ねん》後《ご》となりの銀《ぎん》河《が》とぶつかる

天《あま》の川《がわ》銀《ぎん》河《が》はうずまきの形《かたち》をしているよ。太陽系《たいようけい》は、天《あま》の川《がわ》銀《ぎん》河《が》の中心《ちゅうしん》から約《やく》2万《まん》6000光年《こうねん》はなれた場所《ばしょ》にあるんだ。

「光年《こうねん》」って何《なに》?

光《ひかり》が1年間《ねんかん》に進《すす》む距離《きょり》のことだよ。1光年《こうねん》は、約《やく》9兆《ちょう》4600億《おく》km。地球《ちきゅう》から太陽《たいよう》までの距離《きょり》の約《やく》6万《まん》3000倍《ばい》もあるんだ。

イラスト:西原宏史

夜空《よぞら》に輝《かがや》く天《あま》の川《がわ》は、たくさんの星《ほし》が集《あつ》まって川《かわ》のように見《み》えますね。このような星《ほし》の集《あつ》まりを「銀河《ぎんが》」と言《い》います。天《あま》の川銀河《がわぎんが》は、数千億個《すうせんおくこ》の星《ほし》でできています。私《わたし》たちの地球《ちきゅう》がある太陽系《たいようけい》も、この一部《いちぶ》です。

こうした銀河《ぎんが》が、宇宙《うちゅう》には少《すく》なくとも2兆個《ちょうこ》あると考《かんが》えられています。そしてどの銀河《ぎんが》も、ものすごいスピードで動《うご》いていて、近《ちか》くにある銀河《ぎんが》とぶつかったり、合体《がったい》したりすることがあります。

私《わたし》たちのいる天《あま》の川銀河《がわぎんが》は、となりのアンドロメダ銀河《ぎんが》に現在時速《げんざいじそく》40万《まん》kmくらいの速《はや》さで近《ちか》づいていて、約《やく》40億年後《おくねんご》にぶつかると予想《よそう》されています。

アンドロメダ銀河《ぎんが》
「おとなりさん」だけど、2つの銀河《ぎんが》は、約《やく》250万《まん》光年《こうねん》はなれているよ。

アツい！
先駆者《せんくしゃ》
伝説《でんせつ》

常識《じょうしき》をひっくり返《かえ》した近代天文学《きんだいてんもんがく》の創始者《そうししゃ》

2世紀《せいき》ごろプトレマイオスが
まとめた天動説《てんどうせつ》
宇宙《うちゅう》の中心《ちゅうしん》は地球《ちきゅう》！
太陽《たいよう》が周《まわ》りを回《まわ》っているよ
アルマゲスト
当時《とうじ》の最先端《さいせんたん》の考《かんが》えを
この本《ほん》にまとめたんだ
星《ほし》の動《うご》きや角度《かくど》が
細《こま》かい計算《けいさん》によって説明《せつめい》され
長《なが》い間《あいだ》信《しん》じられてきた
15世紀後半《せいきこうはん》　その天動説《てんどうせつ》に
疑問《ぎもん》を持《も》った者《もの》がいた
コペルニクスは
ポーランドに生《う》まれた
たくさん勉強《べんきょう》
しなさい
はい！
聖職者《せいしょくしゃ》である叔父《おじ》に育《そだ》てられ
大学《だいがく》を卒業《そつぎょう》
しばらく教会《きょうかい》で働《はたら》いた後《あと》
イタリアへ留学《りゅうがく》し、
たくさんの学問《がくもん》を修《おさ》め
惑星《わくせい》は本当《ほんとう》にこう
動《うご》いているのかな……
天動説《てんどうせつ》よりもスッキリ
惑星《わくせい》の動《うご》きを説明《せつめい》できないかと
考《かんが》えはじめる
法学《ほうがく》
医学《いがく》
天文学《てんもんがく》

ニコラウス・コペルニクス (1473-1543年《ねん》)

ポーランドの天文学者《てんもんがくしゃ》・数学者《すうがくしゃ》。聖職者《せいしょくしゃ》や行政《ぎょうせい》官《かん》、医師《いし》として働《はたら》きながら天文学《てんもんがく》の研究《けんきゅう》を続《つづ》け、地球《ちきゅう》が自転《じてん》しながら太陽《たいよう》の周《まわ》りを１年《ねん》の周期《しゅうき》で公《こう》転《てん》するという地動説《ちどうせつ》を唱《とな》える。これは「宇宙《うちゅう》の中《ちゅう》心《しん》は地球《ちきゅう》」と考《かんが》えられていた当時《とうじ》の常識《じょうしき》を根底《こんてい》からくつがえす発想《はっそう》だった。そのため広《ひろ》く公表《こうひょう》するのをためらい、実際《じっさい》に著書《ちょしょ》として出版《しゅっぱん》したのは死《し》の直前《ちょくぜん》だった。

マンガ：逸架ぱずる、画像：iStock

太陽系《たいようけい》の惑星《わくせい》インタビュー　その1

太陽系《たいようけい》の惑星《わくせい》は8つですが、それぞれ個性的《こせいてき》。今回《こんかい》は表面《ひょうめん》が岩石《がんせき》でできている「地球型惑星《ちきゅうがたわくせい》」（水星《すいせい》・金星《きんせい》・地球《ちきゅう》・火星《かせい》）のみなさんにインタビューしました。

Q「水《すい》」星《せい》ってことは、水《みず》があるの？

水星《すいせい》

よく聞《き》かれるけど、液体《えきたい》の水《みず》はないよ。アツアツの太陽《たいよう》に一番近《いちばんちか》いから、蒸発《じょうはつ》しちゃうんだよね。

Q　自転《じてん》の方向《ほうこう》にこだわりがあるとか？

金星《きんせい》

よく気《き》づいたね！　太陽系《たいようけい》のほかの惑星《わくせい》は、北極《ほっきょく》から見《み》るとみんな反時計回《はんとけいまわ》りだけど、私《わたし》だけ時計回《とけいまわ》りなんだ。理由《りゆう》はいまのところナゾなんだけどね。

Q　生《い》き物《もの》が見《み》つかっているただひとつの天体《てんたい》だとか？

地球《ちきゅう》

生命《せいめい》が生《う》まれたのは奇跡《きせき》なんだよ。大《おお》きなプールに腕時計《うでどけい》の部品《ぶひん》をバラバラに投《な》げ込《こ》んだあと、水《みず》の流《なが》れだけで勝手《かって》に時計《とけい》が完成《かんせい》して、動《うご》き出《だ》しちゃうのと同《おな》じくらい低《ひく》い確率《かくりつ》、って説《せつ》もあるんだから。

Q　地球《ちきゅう》から見《み》ると、赤《あか》く見《み》えますよね。

火星《かせい》

地面《じめん》に赤《あか》サビの成分《せいぶん》がいっぱい含《ふく》まれているんだ。オリオン座《ざ》のベテルギウスも赤《あか》く見《み》えるって？　それは温度《おんど》が低《ひく》い恒《こう》星《せい》だから。理由《りゆう》が違《ちが》うんだ！

イラスト：イケウチリリー、iStock

2章《しょう》

キセキがいっぱい！
地《ち》球《きゅう》・太《たい》陽《よう》・月《つき》

地球《ちきゅう》から見《み》ると太陽《たいよう》と月《つき》はほぼ同《おな》じ大《おお》きさ

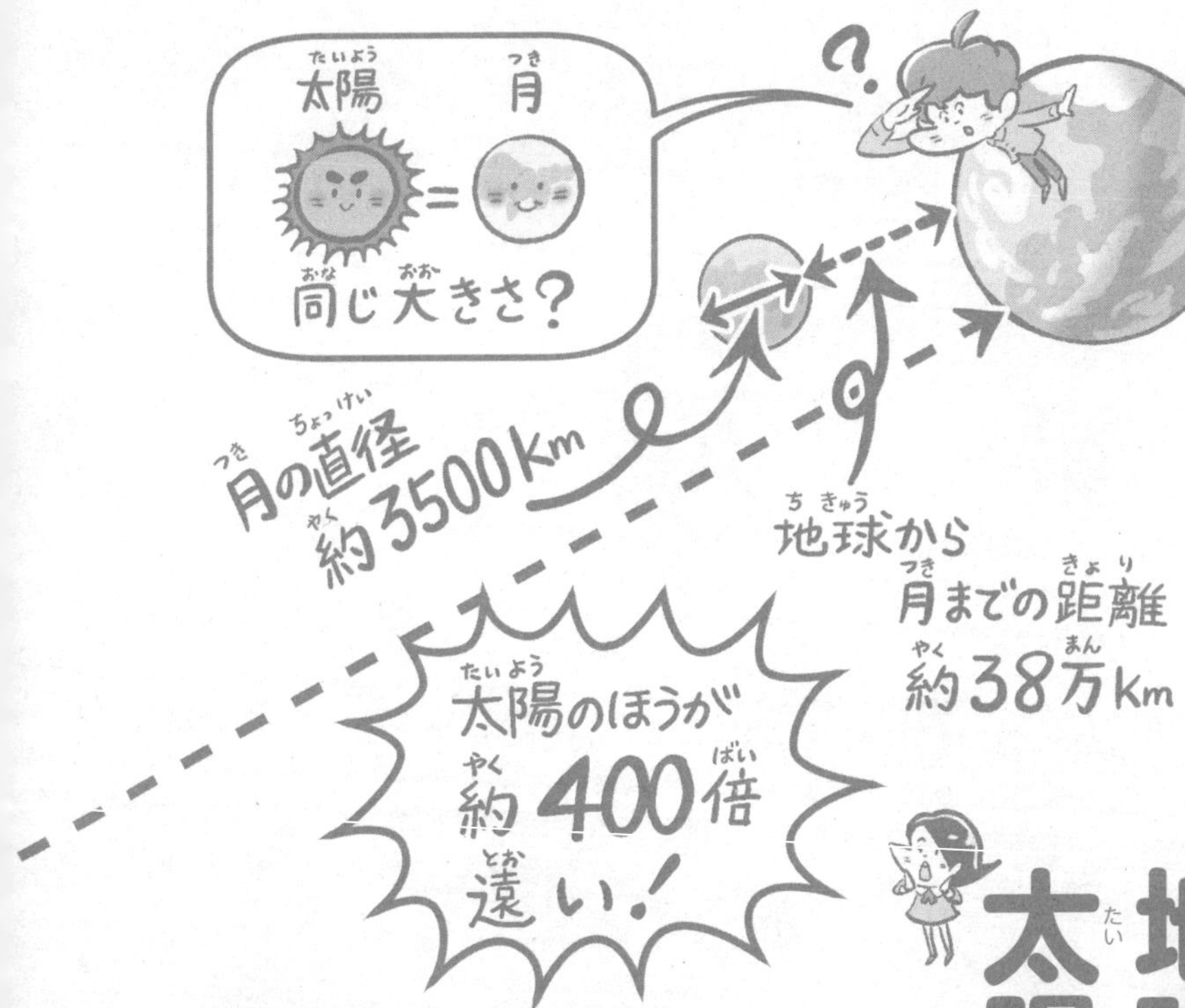

太陽《たいよう》　月《つき》
同《おな》じ大《おお》きさ？
月《つき》の直径《ちょっけい》
約《やく》3500km
地球《ちきゅう》から
月《つき》までの距離《きょり》
約《やく》38万《まん》km
太陽《たいよう》のほうが
約《やく》400倍《ばい》
遠《とお》い！

地球《ちきゅう》にまつわるサイズいろいろ

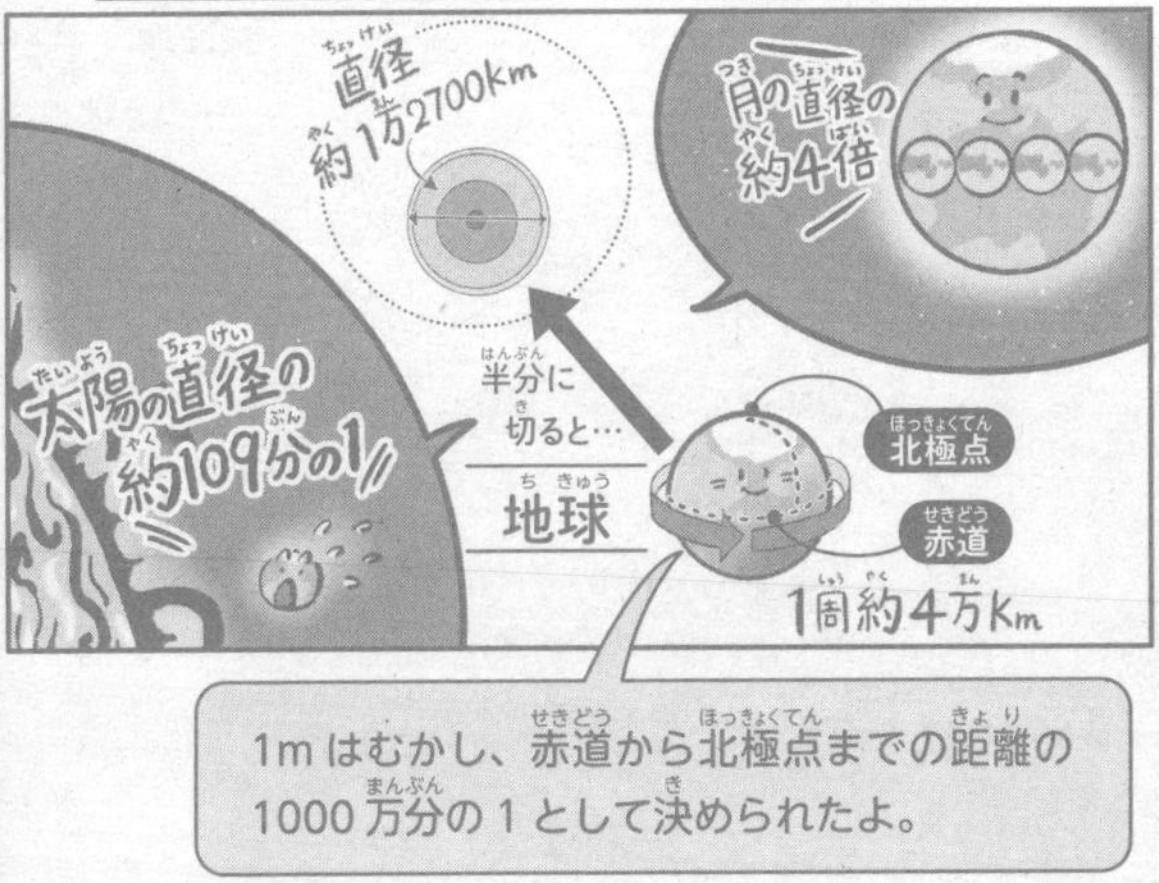

直径《ちょっけい》
約《やく》1万《まん》2700km
月《つき》の直径《ちょっけい》の
約《やく》4倍《ばい》
太陽《たいよう》の直径《ちょっけい》の
約《やく》109分《ぶん》の1
半分《はんぶん》に
切《き》ると…
地球《ちきゅう》
北極点《ほっきょくてん》
赤道《せきどう》
1周《しゅう》約《やく》4万《まん》km

1m はむかし、赤道《せきどう》から北極点《ほっきょくてん》までの距離《きょり》の1000万分《まんぶん》の1として決《き》められたよ。

イラスト：イケウチリリー

「皆既日食《かいきにっしょく》」を知《し》っていますか？　地球《ちきゅう》から見《み》た太陽《たいよう》が、月《つき》の後《うし》ろにぴったり重《かさ》なって完全《かんぜん》に姿《すがた》が隠《かく》れ、見《み》えなくなることです。

じつは、太陽《たいよう》の大《おお》きさは月《つき》の約《やく》４００倍《ばい》もあります。そんなに大《おお》きいなら、月《つき》の後《うし》ろに大《おお》きな太陽《たいよう》が見《み》えてもおかしくないはずなのに、なぜ太陽《たいよう》と月《つき》がぴったり重《かさ》なって見《み》えるのでしょうか。

その理由《りゆう》は、距離《きょり》です。太陽《たいよう》は、月《つき》よりも地球《ちきゅう》から約《やく》４００倍《ばい》離《はな》れた場所《ばしょ》にあります。そのため地球《ちきゅう》から見《み》ると、ちょうど同《おな》じ大《おお》きさに見《み》えるのです。キセキのような偶然《ぐうぜん》ですね。

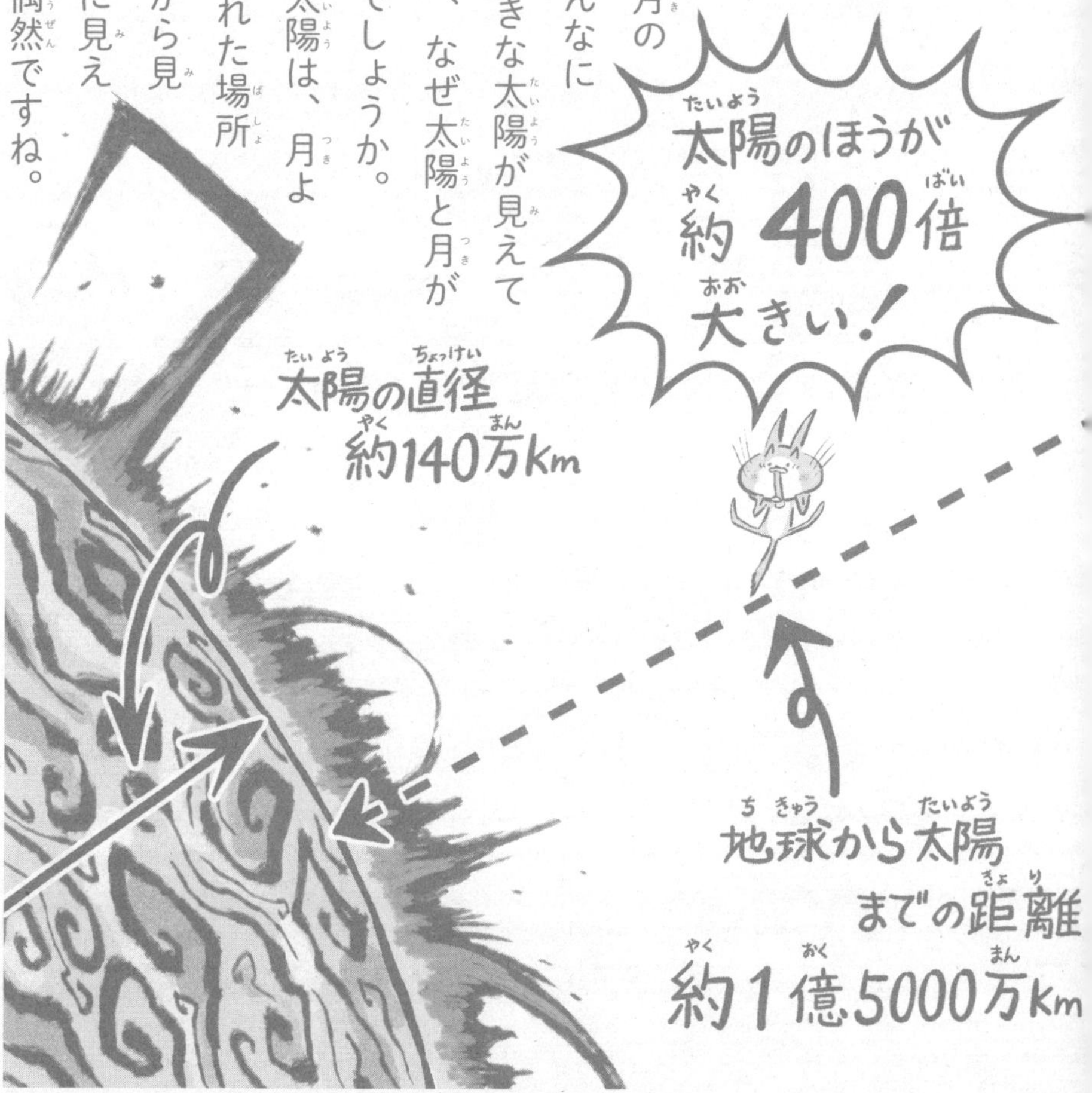

太陽《たいよう》のほうが約《やく》400倍《ばい》大《おお》きい！
太陽《たいよう》の直径《ちょっけい》約《やく》140万《まん》km
地球《ちきゅう》から太陽《たいよう》までの距離《きょり》
約《やく》1億《おく》5000万《まん》km

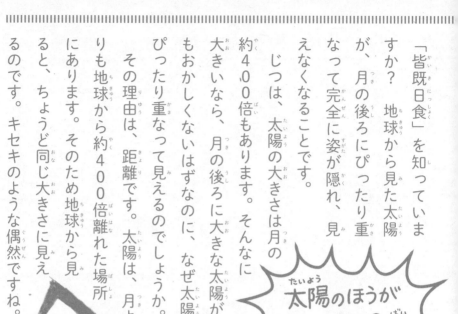

うるう年《どし》がなかったら

あけまして
おめでとう!

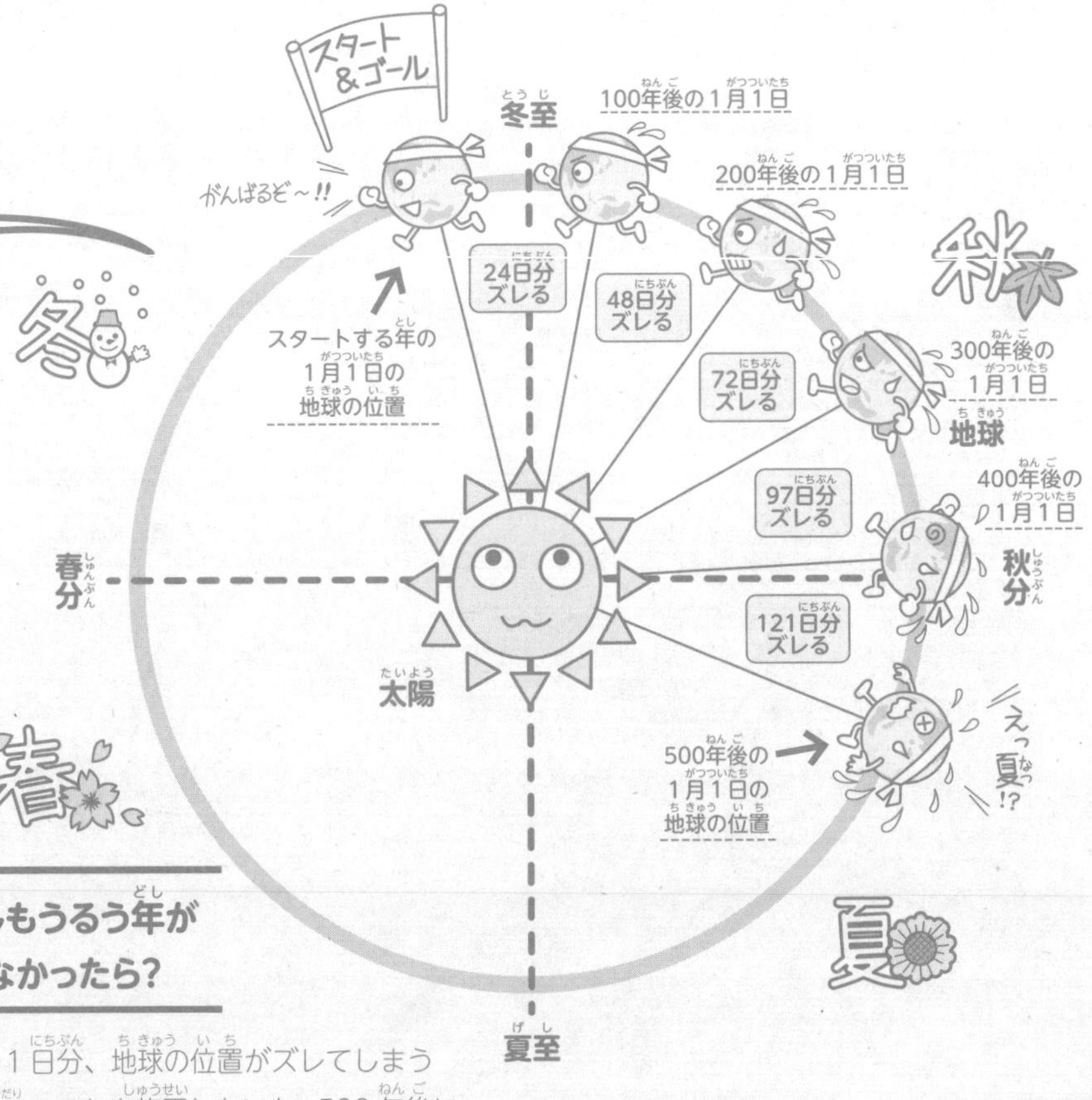
スタート
&ゴール
がんばるぞ～!!
冬至《とうじ》
100年後《ねんご》の1月1日《がつついたち》
200年後《ねんご》の1月1日《がつついたち》
スタートする年《とし》の
1月1日《がつついたち》の
地《ち》球《きゅう》の位《い》置《ち》
24日分《にちぶん》
ズレる
48日分《にちぶん》
ズレる
72日分《にちぶん》
ズレる
97日分《にちぶん》
ズレる
121日分《にちぶん》
ズレる
冬
秋
300年後《ねんご》の
1月1日《がつついたち》
地球《ちきゅう》
400年後《ねんご》の
1月1日《がつついたち》
春分《しゅんぶん》
秋分《しゅうぶん》
太陽《たいよう》
500年後《ねんご》の
1月1日《がつついたち》の
地《ち》球《きゅう》の位《い》置《ち》
えっ
夏《なつ》!?
春
夏
夏至《げし》

もしもうるう年《どし》がなかったら?

4 年《ねん》で 1 日分《にちぶん》、地球《ちきゅう》の位置《いち》がズレてしまうんだ（左《ひだり》）。これを修正《しゅうせい》しないと、500 年後《ねんご》には夏《なつ》に元日《がんじつ》をむかえることになるよ（右《みぎ》）。

イラスト:西原宏史

1月《がつ》はいずれ夏《なつ》になる

カレンダーの日《ひ》にちを数《かぞ》えると、1年《ねん》は365日《にち》ですね。つまり、春夏秋冬《しゅんかしゅうとう》の季節《きせつ》は、365日《にち》でひと巡《めぐ》りします。これは、太陽《たいよう》の周《まわ》りを回《まわ》っている地球《ちきゅう》が、だいたい365日《にち》でほぼ同《おな》じ位置《いち》にもどってくるからです。

しかし、地球《ちきゅう》がスタートした地点《ちてん》とぴったり同《おな》じ位置《いち》にもどるには、365日《にち》よりも、6時間《じかん》（4分《ぶん》の1日《にち》）多《おお》くかかります。

この日付《ひづけ》と地球《ちきゅう》の位置《いち》のズレを修正《しゅうせい》するために、4年《ねん》に一度《いちど》うるう年《どし》（1年《ねん》の日数《にっすう》が1日多《にちおお》く、366日《にち》になる年《とし》）があるのです。

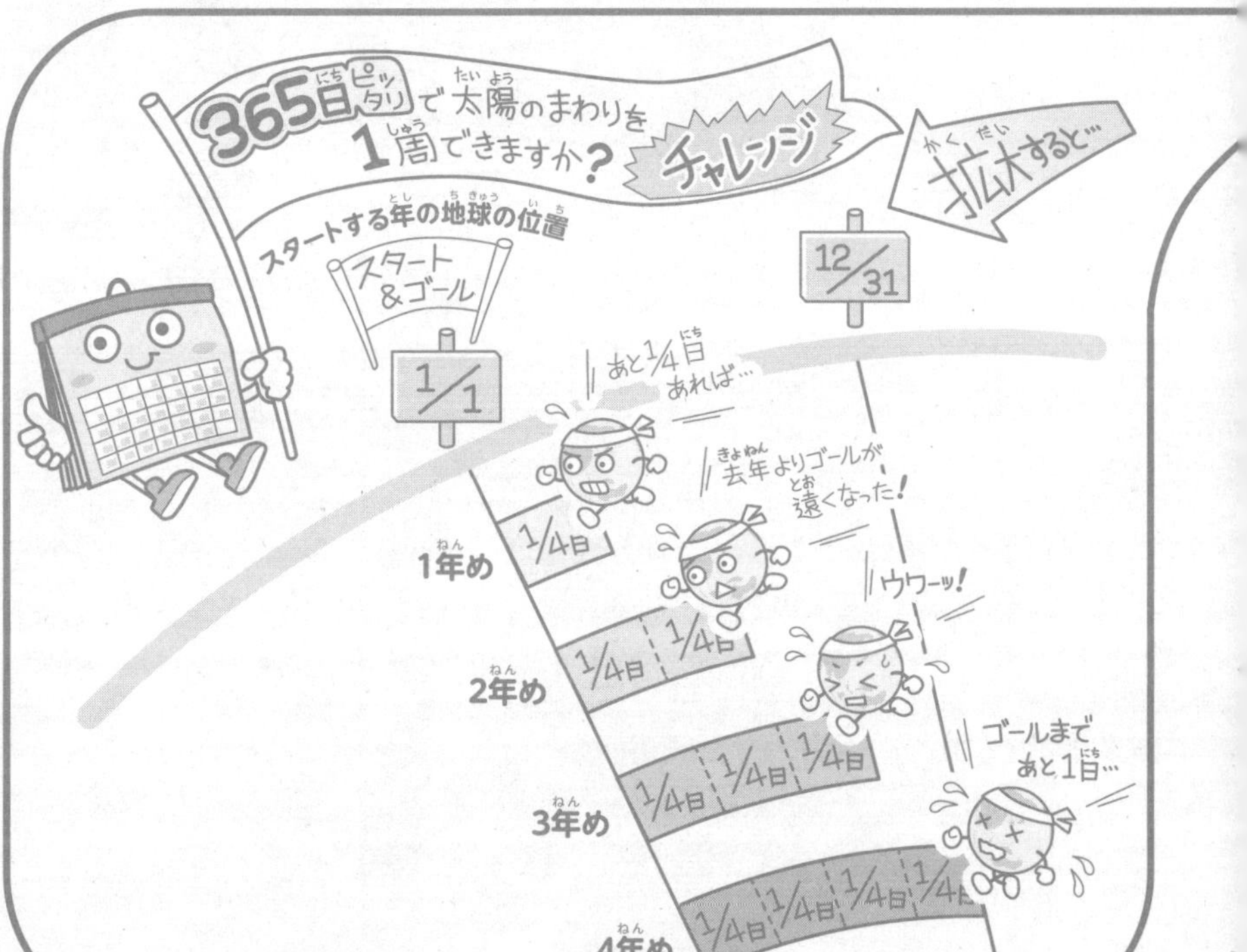
365日《にち》ピッタリで太陽《たいよう》のまわりを1周《しゅう》できますか？
チャレンジ
拡大《かくだい》すると…
スタートする年《とし》の地球《ちきゅう》の位置《いち》
スタート＆ゴール
12/31
1/1
あと1/4日《にち》あれば…
去年《きょねん》よりゴールが遠《とお》くなった！
1/4日
1年《ねん》め
ウワーッ！
1/4日 1/4日
2年《ねん》め
ゴールまであと1日《にち》…
1/4日 1/4日 1/4日
3年《ねん》め
1/4日 1/4日 1/4日 1/4日
4年《ねん》め

地《ち》球《きゅう》の自《じ》転《てん》が突《とつ》然《ぜん》止《と》まったら あらゆるものが吹《ふ》き飛《と》ぶ

地球《ちきゅう》は、コマのようにその場《ば》でくるくると回転《かいてん》しています。これを「自転《じてん》」と言《い》います。その速度《そくど》は、赤道《せきどう》でなんと時速約《じそくやく》1700㎞。新幹線《しんかんせん》の6倍《ばい》もの速《はや》さです。

しかし、高速《こうそく》で回転《かいてん》する地《ち》球《きゅう》の上《うえ》にいても、私《わたし》たちが宇《う》宙《ちゅう》に放《ほう》り出《だ》されることはありません。地球《ちきゅう》の持《も》つ「重力《じゅうりょく》」

イラスト：笠原ひろひと

という力《ちから》で、地面《じめん》に引《ひ》き寄《よ》せられているためです。

では、ある日《ひ》突然《とつぜん》、自転《じてん》がぴたりと止《と》まったら？

たとえば、電車《でんしゃ》が急停止《きゅうていし》したとき、進《すす》んでいた方向《ほうこう》に体《からだ》が引《ひ》っ張《ぱ》られて転《ころ》びそうになりますよね。これと同《おな》じことが地球全体《ちきゅうぜんたい》で起《お》こります。

急停止《きゅうていし》によって起《お》こる力《ちから》は、重力《じゅうりょく》よりも大《おお》きいと考《かんが》えられるので、人《ひと》も車《くるま》も空気《くうき》も、あらゆるものが吹《ふ》き飛《と》ぶでしょう。

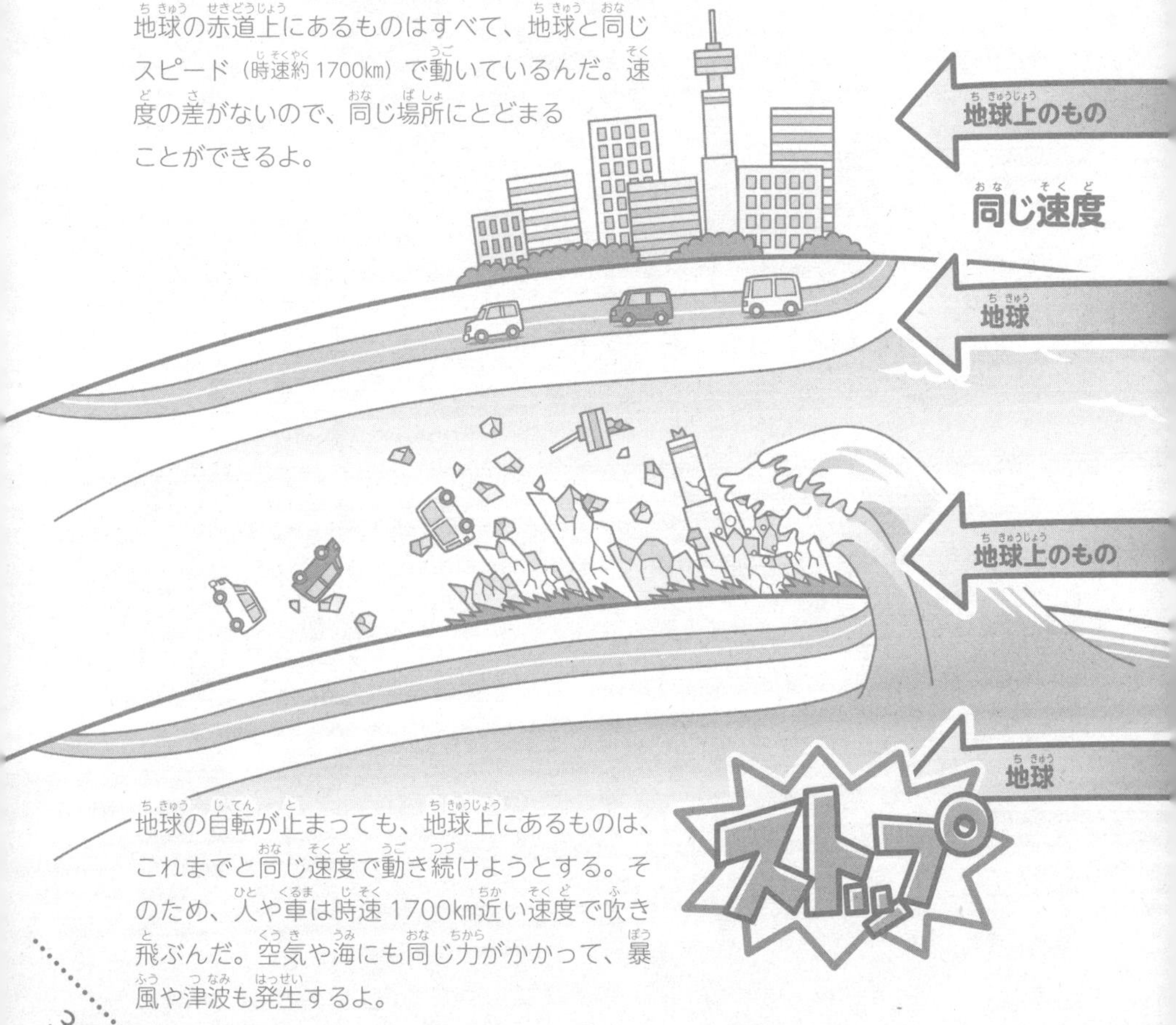
地球上《ちきゅうじょう》のもの
同《おな》じ速度《そくど》
地球《ちきゅう》
地球上《ちきゅうじょう》のもの
地球《ちきゅう》
ストップ

地球《ちきゅう》の赤道上《せきどうじょう》にあるものはすべて、地球《ちきゅう》と同《おな》じスピード（時速約《じそくやく》1700㎞）で動《うご》いているんだ。速《そく》度《ど》の差《さ》がないので、同《おな》じ場所《ばしょ》にとどまることができるよ。

地球《ちきゅう》の自転《じてん》が止《と》まっても、地球上《ちきゅうじょう》にあるものは、これまでと同《おな》じ速度《そくど》で動《うご》き続《つづ》けようとする。そのため、人《ひと》や車《くるま》は時速《じそく》1700㎞近《ちか》い速度《そくど》で吹《ふ》き飛《と》ぶんだ。空気《くうき》や海《うみ》にも同《おな》じ力《ちから》がかかって、暴《ぼう》風《ふう》や津波《つなみ》も発生《はっせい》するよ。

過去《かこ》

むかし、方位磁石《ほういじしゃく》が指《さ》すS《エス》とN《エヌ》は逆《ぎゃく》だった

コンパスの針《はり》（N極《エヌきょく》）は、なぜどこにいても北《きた》の方角《ほうがく》を指《さ》すのでしょうか。それは地球《ちきゅう》が、超巨大《ちょうきょだい》な磁石《じしゃく》だからです。

棒磁石《ぼうじしゃく》にN極《エヌきょく》とS極《エスきょく》があるように、地球《ちきゅう》は北極《ほっきょく》の近《ちか》くがS極《エスきょく》、南極《なんきょく》の近《ちか》くがN《エヌ》極《きょく》になっています。

そして磁石《じしゃく》は異《こと》なる極《きょく》で

イラスト：イケウチリリー

現在《げんざい》

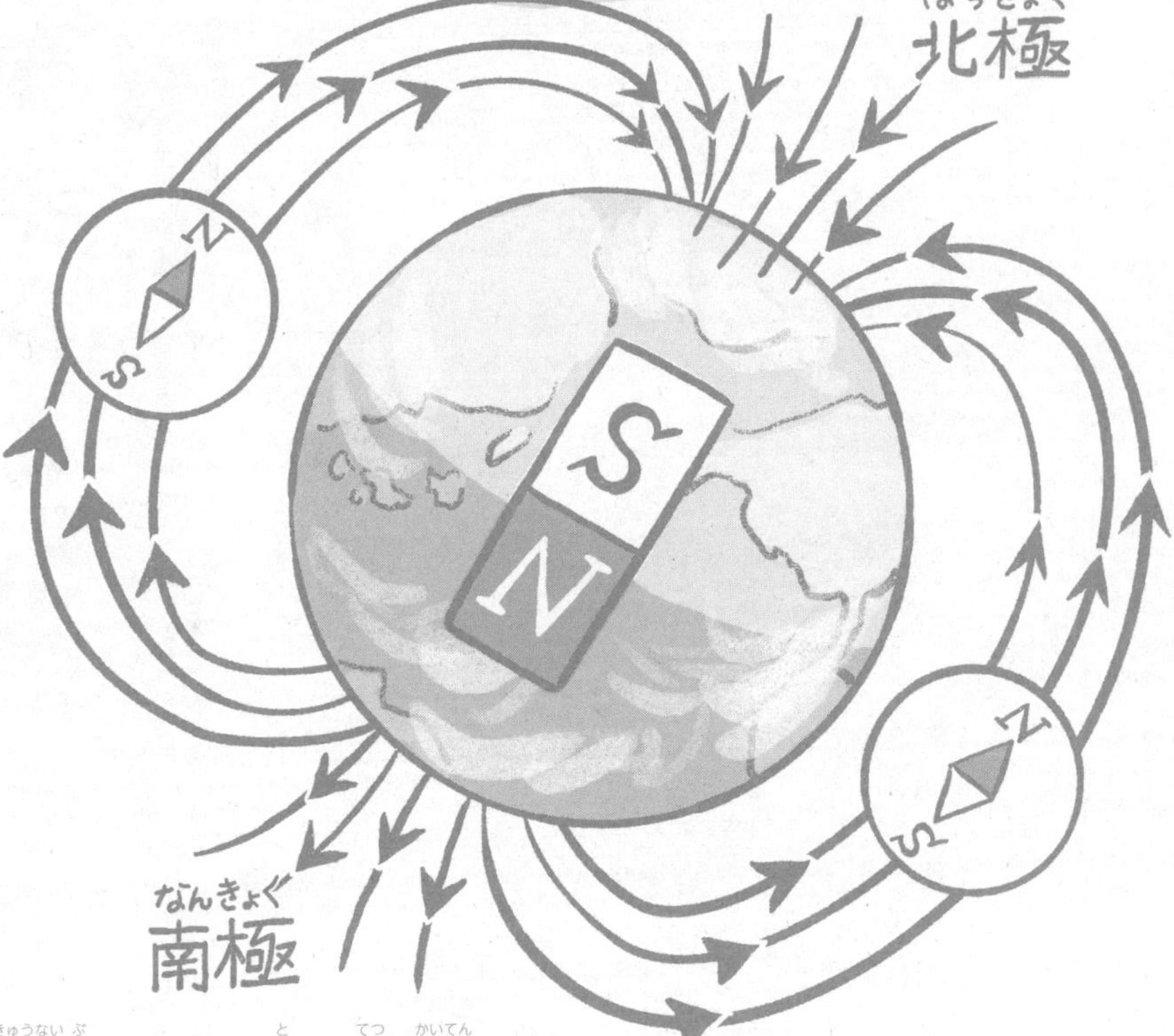

地《ち》球《きゅう》内部《ないぶ》でドロドロに溶《と》けた鉄《てつ》が回転《かいてん》して、磁力《じりょく》が生《う》まれると考《かんが》えられているよ。

引《ひ》き合《あ》います。だから、コンパスのN《エヌ》極《きょく》は北《きた》を向《む》くというわけです。

ところが地球《ちきゅう》のN《エヌ》極《きょく》とS《エス》極《きょく》は、数万《すうまん》から数十万年《すうじゅうまんねん》に一度《いちど》のペースで入《い》れ替《か》わります。最近《さいきん》では約《やく》77万年前《まんねんまえ》までに、約《やく》2万年《まんねん》かけてN《エヌ》極《きょく》とS《エス》極《きょく》が逆転《ぎゃくてん》したことが、地層《ちそう》の調査《ちょうさ》によってわかりました。

もし逆転《ぎゃくてん》する前《まえ》の時代《じだい》にコンパスを使《つか》ったら、針《はり》のN《エヌ》極《きょく》は南《みなみ》を指《さ》したことでしょう。

地《ち》球《きゅう》はあと50億《おく》年《ねん》で太《たい》陽《よう》にのみこまれる!?

半径《はんけい》が1億《おく》5000万《まん》km以《い》上《じょう》に巨大《きょだい》化《か》!?

年《とし》老《お》いた太陽《たいよう》は、「赤色巨星《せきしょくきょせい》」と呼《よ》ばれる、赤《あか》くふくらんだ星《ほし》になる。そうなると、地球《ちきゅう》と太陽《たいよう》の距離《きょり》（1億《おく》5000万《まん》km）よりも半径《はんけい》が大《おお》きい星《ほし》になる可能性《かのうせい》があるよ。ふくらんだあとは、表面《ひょうめん》のガスがどんどん外《そと》ににげていき、最後《さいご》は冷《ひ》えて小《ちい》さくなり、輝《かがや》きをうしなうよ。

イラスト:リーカオ

生《い》き物《もの》と同《おな》じように、星《ほし》にも寿命《じゅみょう》があります。

太陽《たいよう》の寿命《じゅみょう》は約《やく》１００億年《おくねん》といわれています。今《いま》は約《やく》46億歳《おくさい》なのでちょうど半分《はんぶん》くらいです。

太陽《たいよう》は寿命《じゅみょう》に近《ちか》づくとともに、どんどん大《おお》きくなっていきます。寿命《じゅみょう》をむかえる約《やく》50億年後《おくねんご》には、今《いま》の２００倍以上《ばいいじょう》の大《おお》きさになり、地球《ちきゅう》をのみこんでしまうと予想《よそう》する人《ひと》もいます。

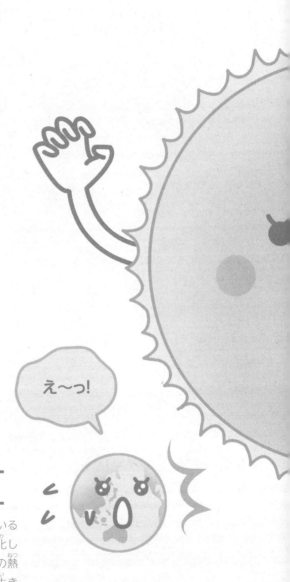

地球《ちきゅう》が死《し》の星《ほし》に?

地球《ちきゅう》はのみこまれないと予想《よそう》している人《ひと》もいるけど、いずれにせよ巨大化《きょだいか》した太陽《たいよう》の表面《ひょうめん》が迫《せま》ってくる。太陽《たいよう》の熱《ねつ》で地球《ちきゅう》の海《うみ》は干上《ひあ》がり、生《い》き物《もの》が生《い》きられない環境《かんきょう》になってしまうんだ。

わたしの中《なか》では
もえてないでしょ
キミ・・・

太陽《たいよう》は燃《も》えていない

ろうそくやたき火《び》の炎《ほのお》は、燃《も》えているから熱《あつ》く、まぶしいですね。太陽《たいよう》もとても熱《あつ》い星《ほし》です。表面温《ひょうめんおん》度《ど》はなんと、6000℃。びっくりするくらいの熱《あつ》さです。ところがもっとおどろくことに、太陽《たいよう》は燃《も》えていません。見《み》るからにメラメラと燃《も》えていそうなのに！

実《じつ》は、熱《ねつ》や光《ひかり》を出《だ》す方法《ほうほう》は、「燃《も》える」ことだけではありません。も

イラスト：イケウチリリー

のが「燃《も》える」には酸素《さんそ》が必要《ひつよう》ですが、太陽《たいよう》にはほとんど酸素《さんそ》がありません。その代《か》わり、水素《すいそ》という星《ほし》の材料《ざいりょう》となるガスがたっぷりつまっています。太陽《たいよう》の中心部《ちゅうしんぶ》には、水素《すいそ》がぎゅうぎゅうにつまっていて、1600万《まん》℃という熱《あつ》さです。ここでは水素《すいそ》がヘリウムというものに変身《へんしん》します。このとき、熱《ねつ》や光《ひかり》がたくさん出《で》ます。これを科学《かがく》のことばで「核《かく》融合反応《ゆうごうはんのう》」と言《い》います。

　太陽《たいよう》の中《なか》で水素《すいそ》がおしくらまんじゅうしているおかげで、地球《ちきゅう》は明《あか》るく、暖《あたた》かいのですね。

宇宙《うちゅう》にも天気予報《てんきよほう》がある

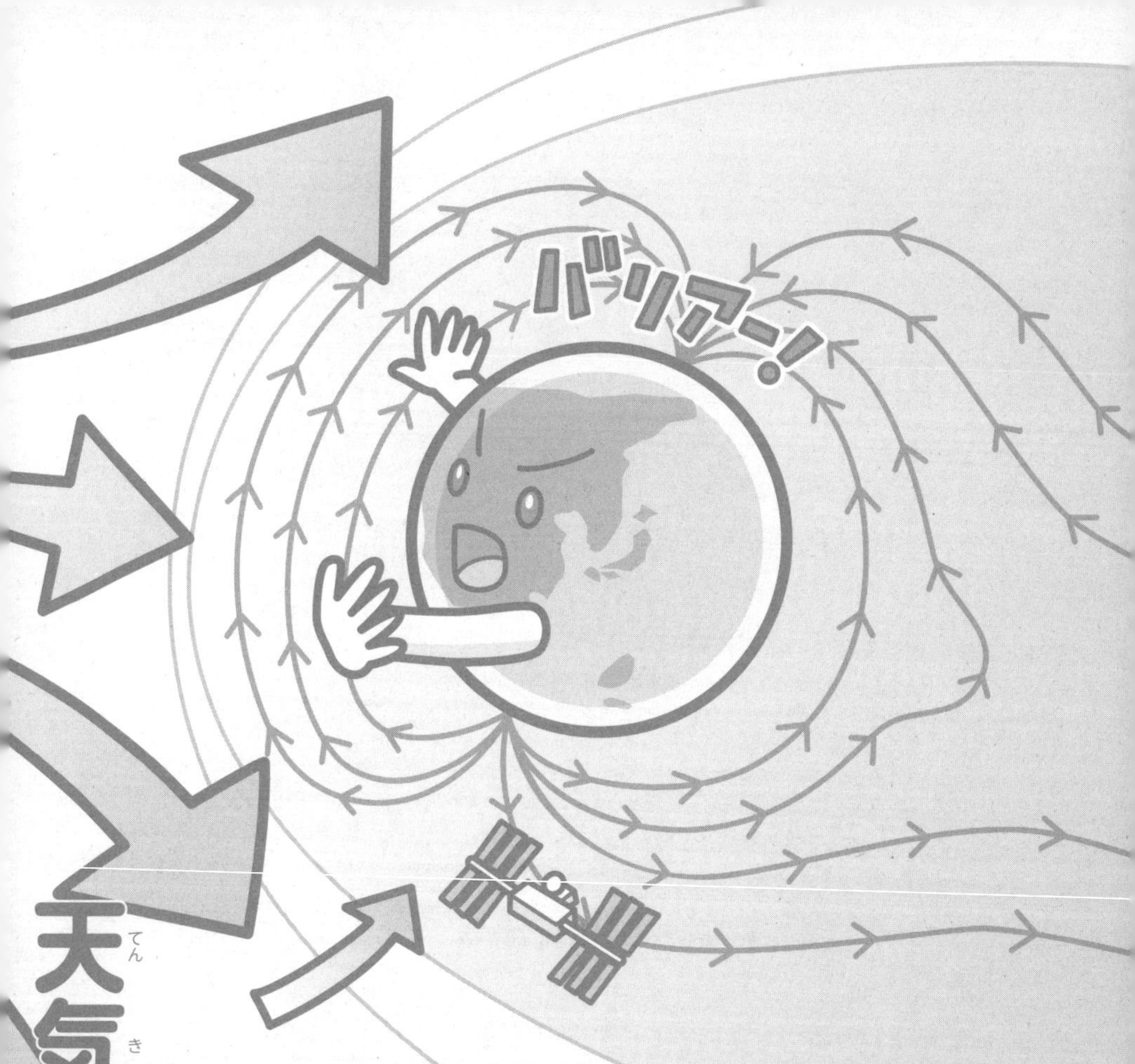
バリアー！

強烈《きょうれつ》な太陽風《たいようふう》がやってくるとこんなことが起《お》きるかも？

日本《にほん》にもオーロラが現《あら》れる
通信障害《つうしんしょうがい》が起《お》こる
停電《ていでん》が起《お》こる
まっくら……
宇宙飛行士《うちゅうひこうし》の活動《かつどう》に影響《えいきょう》

イラスト：笠原ひろひと

今日《きょう》はお天気《てんき》かな？　空模様《そらもよう》を知《し》りたいときに見《み》るのは天気予報《てんきよほう》ですね。宇宙《うちゅう》にも天気予報《てんきよほう》があるって……誰《だれ》かが遠足《えんそく》にでも行《い》くのでしょうか？

太陽《たいよう》からはいつも「太陽風《たいようふう》」という目《め》に見《み》えない小《ちい》さな電気《でんき》をもった粒《つぶ》が流《なが》れてきています。地球《ちきゅう》に届《とど》くと、停電《ていでん》したり、機械《きかい》が壊《こわ》れたりすることがありますが、普段《ふだん》は磁《じ》石《しゃく》（↓40ページ）の力《ちから》がバリアになって地球《ちきゅう》を守《まも》っています。

ところが、太陽《たいよう》の表面《ひょうめん》で起《お》こる「フレア」という爆発《ばくはつ》が激《はげ》しくなると、太陽風《たいようふう》はバリアを通《とお》り抜《ぬ》けてしまいます。

２０２４年《ねん》には大規模《だいきぼ》な太陽《たいよう》フレアが発生《はっせい》し、日本《にほん》も含《ふく》めた世界各地《せかいかくち》でオーロラが観測《かんそく》されるという珍《めずら》しい現象《げんしょう》が起《お》こりました。オーロラだけなら問題《もんだい》ありませんが、

１９８９年《ねん》には強《つよ》い太陽風《たいようふう》がカナダで大停電《だいていでん》を引《ひ》き起《お》こしたこともあります。私《わたし》たちの生活《せいかつ》を守《まも》るため、宇宙天気予《うちゅうてんきよ》報《ほう》は、日々《ひび》太陽《たいよう》のゴキゲンをチェックしているのです。

日《にっ》食《しょく》が歴《れき》史《し》を変《か》えた!?

太陽《たいよう》が突然《とつぜん》なくなったら……。現代《げんだい》の人《ひと》なら「日食《にっしょく》だ」と思《おも》いますが、昔《むかし》の人《ひと》はどうでしょうか？

古代《こだい》ギリシャでは、5年《ねん》以上《いじょう》も続《つづ》く戦争《せんそう》のさなかに日食《にっしょく》が起《お》き、それがきっかけで、2つの王国《おうこく》が戦争《せんそう》をやめたと伝《つた》えられています。

日本《にほん》では、今《いま》から850年《ねん》ほど前《まえ》、源氏《げんじ》と平氏《へいし》というライバルの

イラスト：相馬哲也

武士団《ぶしだん》が長年争《ながねんあらそ》っていました。今《いま》の岡山県《おかやまけん》の海《うみ》で両者《りょうしゃ》がぶつかった「水島《みずしま》の戦《たたか》い」では、金環日食《きんかんにっしょく》が起《お》こり、源氏《げんじ》の兵《へい》はびっくり仰天《ぎょうてん》！ところが暦《こよみ》に詳《くわ》しく、日食《にっしょく》を前《まえ》もって知《し》っていたとされる平氏《へいし》は、余裕《よゆう》しゃくしゃくで混乱《こんらん》する源氏《げんじ》を打《う》ち破《やぶ》ったという説《せつ》があります。

日食《にっしょく》のしくみ

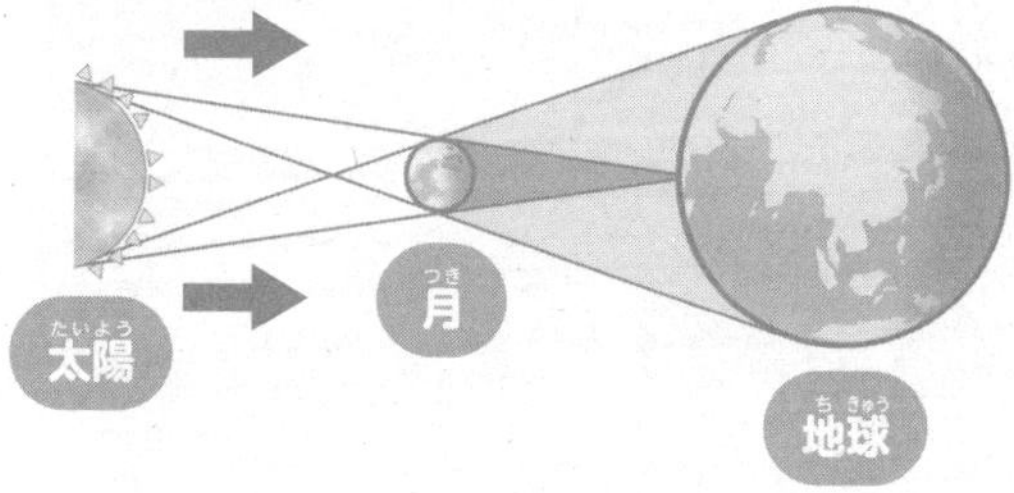

月《つき》が太陽《たいよう》の前《まえ》を横切《よこぎ》り、太陽《たいよう》をおおい隠《かく》したときに起《お》こるんだ。月《つき》が太陽《たいよう》にぴったり重《かさ》なると「皆既日食《かいきにっしょく》」、一部《いちぶ》が隠《かく》されると「部分日食《ぶぶんにっしょく》」、月《つき》が太陽《たいよう》を隠《かく》しきれず、はみ出《で》た太陽《たいよう》のへりが金《きん》の指輪《ゆびわ》のように見《み》えると「金環日食《きんかんにっしょく》」だよ。

月食《げっしょく》のしくみ

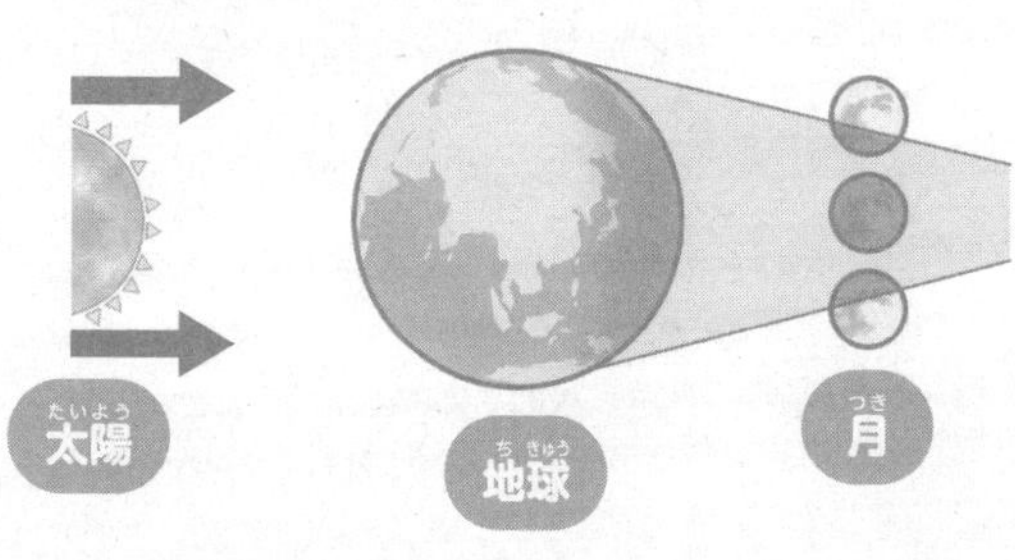

太陽《たいよう》と月《つき》のあいだを地球《ちきゅう》が横切《よこぎ》るとき、地球《ちきゅう》の影《かげ》に月《つき》が入《はい》って、月《つき》が欠《か》けたり、暗《くら》くなったように見《み》えたりする現象《げんしょう》だよ。日食《にっしょく》と同《おな》じく、一部《いちぶ》だけが欠《か》ける「部分月食《ぶぶんげっしょく》」と全体《ぜんたい》が暗《くら》くなる「皆既月食《かいきげっしょく》」があるんだ。

カニ
（南《みなみ》ヨーロッパ）
ほえる
ライオン
（アラビア）
女《おんな》の人《ひと》の横顔《よこがお》
（東《ひがし》ヨーロッパ）
木《き》を
かつぐ人《ひと》
（ドイツ）

月《つき》をよーく見《み》ると、明《あか》るい部分《ぶぶん》と暗《くら》い部分《ぶぶん》がありますね。暗《くら》い部分《ぶぶん》は「月《つき》の海《うみ》」と呼《よ》ばれています。ただし、地球《ちきゅう》の海《うみ》のように水《みず》があるわけではありません。

その正体《しょうたい》は、大昔《おおむかし》に月《つき》の内部《ないぶ》から出《で》てきた溶岩《ようがん》が冷《ひ》えて固《かた》まったものです。

人々《ひとびと》は古《ふる》くから、月《つき》の模《も》様《よう》を見《み》て、そこにいろいろな形《かたち》や物語《ものがたり》を想像《そうぞう》してきました。

みなさんは、どんな形《かたち》に見《み》えますか？

イラスト：イケウチリリー

月《つき》にはカニやライオンがいる

餅《もち》をつくウサギ
(日本《にほん》)
本《ほん》を読《よ》む
おばあさん
(北《きた》ヨーロッパ)
キレイ!!
にぎやかだね!
そー

「お月見《つきみ》」はいつからあるの?

秋《あき》の月《つき》をながめて楽《たの》しむ「お月見《つきみ》(中秋《ちゅうしゅう》の名月《めいげつ》)」は、平安時《へいあんじ》代《だい》に中国《ちゅうごく》から伝《つた》わったといわれているよ。秋《あき》は作物《さくもつ》が実《みの》る時《じ》期《き》。「お月見《つきみ》」のときにお団子《だんご》やススキをお供《そな》えするのは、収穫《しゅうかく》のお祝《いわ》いや感謝《かんしゃ》、魔《ま》よけなどの気持《きも》ちがこめられているんだ。

月《つき》には名《な》前《まえ》がいっぱいある

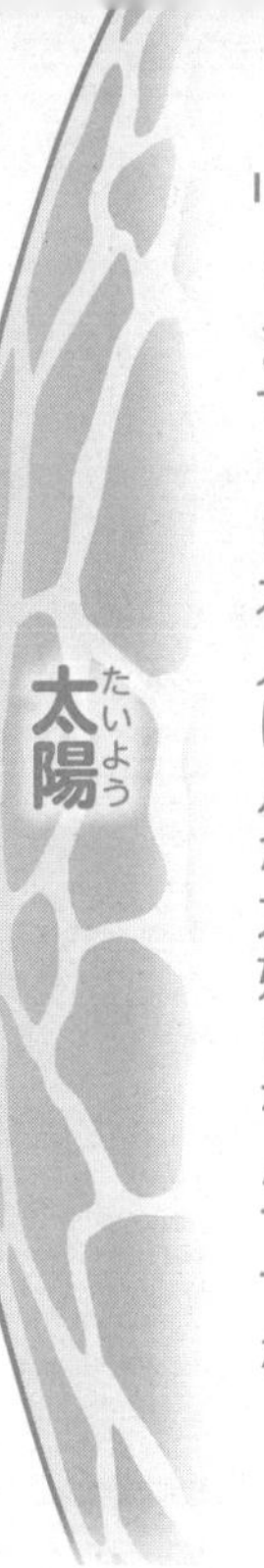

月《つき》は鏡《かがみ》のように、太陽《たいよう》の光《ひかり》をはね返《かえ》して光《ひか》っています。では、月《つき》がまん丸《まる》になったり、細《ほそ》くなったり、見《み》えなくなったりするのはなぜでしょうか。それは、月《つき》が地球《ちきゅう》の周《まわ》りをぐるぐると回《まわ》っているからです。

たとえば満月《まんげつ》のときは、太陽《たいよう》と月《つき》のあいだに地球《ちきゅう》があります。地球《ちきゅう》から見《み》える月面《げつめん》の全体《ぜんたい》に光《ひかり》が当《あ》たるので、まん丸《まる》に見《み》えます。

一方《いっぽう》、新月《しんげつ》のときは、太陽《たいよう》と地球《ちきゅう》のあいだに月《つき》があります。地球《ちきゅう》から見《み》える月面《げつめん》には光《ひかり》が当《あ》たらず、ほとんど見《み》えなくなってしまいます。

日本《にほん》では、移《うつ》り変《か》わる月《つき》の形《かたち》にさまざまな呼《よ》び名《な》があります。日本人《にほんじん》は月《つき》が大好《だいす》きなんですね。

新月近《しんげつちか》くの月《つき》

三日月《みかづき》

夕方《ゆうがた》の西《にし》の空《そら》で見《み》られるよ。縁起《えんぎ》がよいとされて、戦国時代《せんごくじだい》の武将《ぶしょう》が兜《かぶと》のかざりにこのデザインを使《つか》うこともあったんだ。

新月《しんげつ》

ふだんは見《み》えないけど、日食《にっしょく》のときだけは、新月《しんげつ》があることを確《たしか》めることができるよ。

二十六夜月《にじゅうろくやづき》

江戸時代《えどじだい》には、明《あ》け方《がた》にのぼるこの月《つき》を待《ま》つ「二十六夜待《にじゅうろくやま》ち」というお月見《つきみ》が流行《りゅうこう》したんだって。

イラスト：西原宏史

郵 便 は が き

おそれいりますが
切手をお貼り
下さい

1 0 4 - 8 0 1 1

朝日新聞出版　生活・文化編集部

ジュニア部門　係

お名前《なまえ》			ペンネーム	※本名《ほんみょう》でも可《か》	
ご住所《じゅうしょ》	〒				
Eメール					
学年《がくねん》	年《ねん》	年齢《ねんれい》	才《さい》	性別《せいべつ》	
好《す》きな本《ほん》					

※ご提供《ていきょう》いただいた情報《じょうほう》は、個人情報《こじんじょうほう》を含《ふく》まない統計的《とうけいてき》な資料《しりょう》の作成等《さくせいなど》に使用《しよう》いたします。その他《た》の利用《りよう》について
詳《くわ》しくは、当社《とうしゃ》ホームページ https://publications.asahi.com/company/privacy/ をご覧下《らんくだ》さい。

☆本《ほん》の感想《かんそう》、似顔絵《にがおえ》など、好《す》きなことを書《か》いてね！

ご感想《かんそう》を広告《こうこく》、書籍《しょせき》の PR に使用《しよう》させていただいてもよろしいでしょうか？

1．実名《じつめい》で可《か》　　2．匿名《とくめい》で可《か》　　3．不可《ふか》

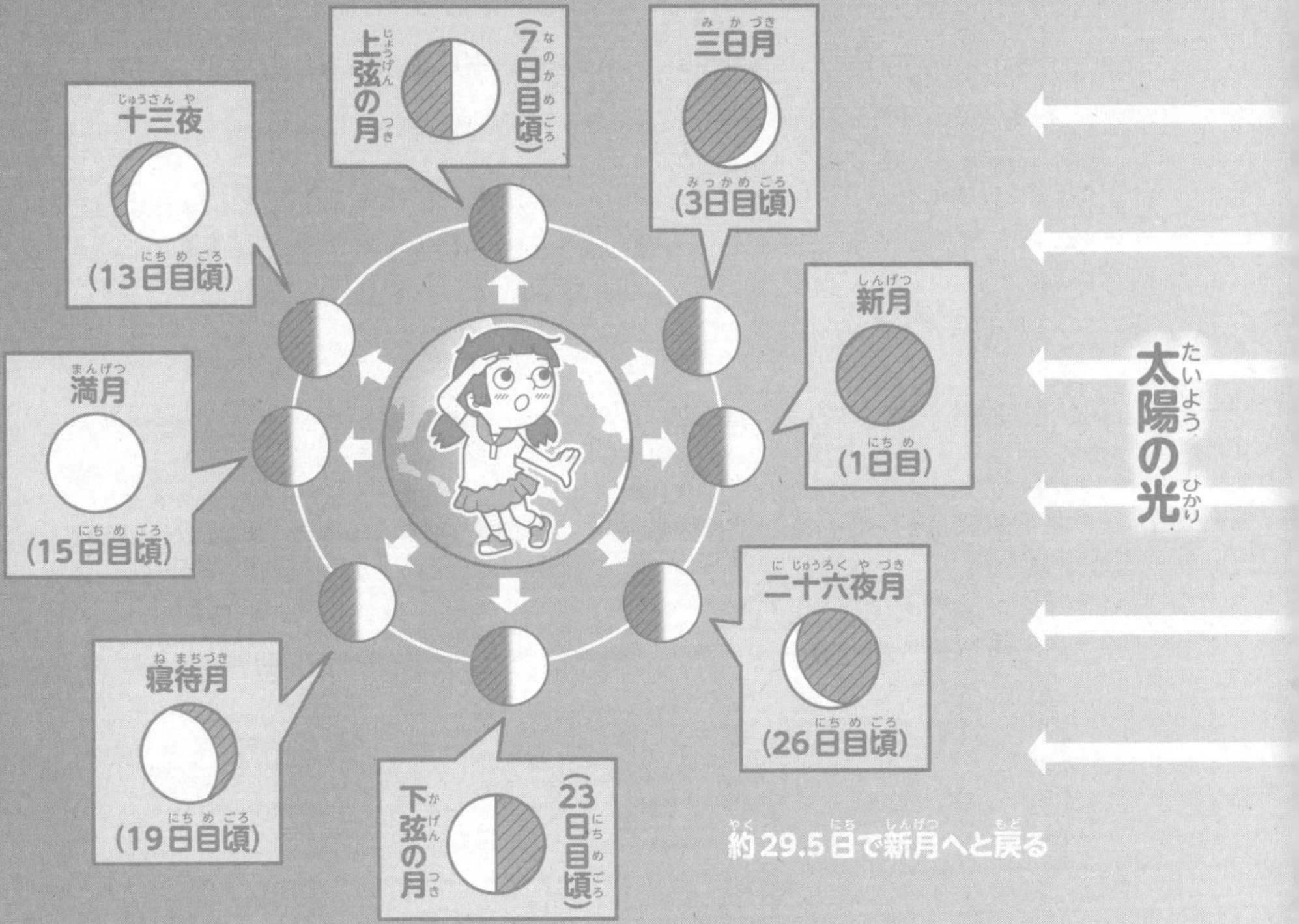

十三夜《じゅうさんや》
（13日目頃《にちめごろ》）
上弦《じょうげん》の月《つき》
（7日目頃《なのかめごろ》）
三日月《みかづき》
（3日目頃《みっかめごろ》）
新月《しんげつ》
（1日目《にちめ》）
太陽《たいよう》の光《ひかり》
満月《まんげつ》
（15日目頃《にちめごろ》）
二十六夜月《にじゅうろくやづき》
（26日目頃《にちめごろ》）
寝待月《ねまちづき》
（19日目頃《にちめごろ》）
下弦《かげん》の月《つき》
（23日目頃《にちめごろ》）
約《やく》29.5日《にち》で新月《しんげつ》へと戻《もど》る

満月近《まんげつちか》くの月《つき》

十三夜《じゅうさんや》

お月見《つきみ》は満月《まんげつ》の日《ひ》だよね。だけど、その少《すこ》し前《まえ》の月《つき》もきれいだから、「十三夜《じゅうさんや》」の月《つき》でお月見《つきみ》をする風習《ふうしゅう》もあるんだって。

満月《まんげつ》（十五夜《じゅうごや》）

太陽《たいよう》が沈《しず》んで1時間後《じかんご》くらいにのぼる月《つき》は立《た》って待《ま》ったから「立待月《たちまちづき》」。さらに遅《おそ》くのぼる月《つき》は座《すわ》ったり寝《ね》たりして待《ま》ったから「居待月《いまちづき》」「寝待月《ねまちづき》」と呼《よ》ばれるよ。

十六夜《いざよい》

立待月《たちまちづき》

居待月《いまちづき》

寝待月《ねまちづき》

半月《はんげつ》

弓《ゆみ》を張《は》った形《かたち》に見《み》えるから、「弓張月《ゆみはりづき》」と呼《よ》ばれるよ。

上弦《じょうげん》の月《つき》

日本《にほん》ではむかし、月《つき》の満《み》ち欠《か》けで1カ月《げつ》を数《かぞ》えるカレンダー（旧暦《きゅうれき》）が使《つか》われていたよ。旧暦《きゅうれき》の7月7日《がつなのか》あたりは必《かなら》ず上弦《じょうげん》の月《つき》だったので、「織姫《おりひめ》が彦星《ひこぼし》に会《あ》いに行《い》くときに月《つき》の船《ふね》に乗《の》る」という言《い》い伝《つた》えがあるんだ。

下弦《かげん》の月《つき》

左半分《ひだりはんぶん》が光《ひか》って見《み》える月《つき》。真夜中《まよなか》にのぼってくるよ。

フフフ うしろは絶《ぜっ》対《たい》見《み》せてなるものか！
何《なに》ヤツ
月
クルッ

月《つき》は絶《ぜっ》対《たい》に ウラ側《がわ》を見《み》せない

月《つき》の模《も》様《よう》は、いつ月《つき》を見《み》ても変《か》わりません。実《じつ》は、地《ち》球《きゅう》から月《つき》のウラ側《がわ》を見《み》ることは絶《ぜっ》対《たい》にできないのです。

月《つき》はバレリーナのようにその場《ば》でくるくる回《まわ》りながら（自《じ》転《てん》）、陸《りく》上《じょう》選《せん》手《しゅ》のように地《ち》球《きゅう》の周《まわ》りを回《まわ》っています（公《こう》転《てん》）。バレリーナの1周《しゅう》と、陸《りく》上《じょう》選《せん》手《しゅ》の1周《しゅう》がまったく同《おな》じ約《やく》27日《にち》なので、同《おな》じ面《めん》しか地《ち》球《きゅう》に見《み》せません。

イラスト：イケウチリリー

もしかしたらウラ側《がわ》に月面人《げつめんじん》の大都市《だいとし》があったりして……。なんて想像《そうぞう》がふくらみますが、すでに1959年《ねん》、ソ連《れん》（今《いま》のロシアなど）の探査機《たんさき》「ルナ3号《ごう》」によって、クレーターだらけのウラ側《がわ》が撮影《さつえい》されています。2019年《ねん》には、中国《ちゅうごく》の探査機《たんさき》「嫦娥《じょうが》4号《ごう》」が、月《つき》のウラ側《がわ》への着《ちゃく》陸《りく》にも成功《せいこう》しました。

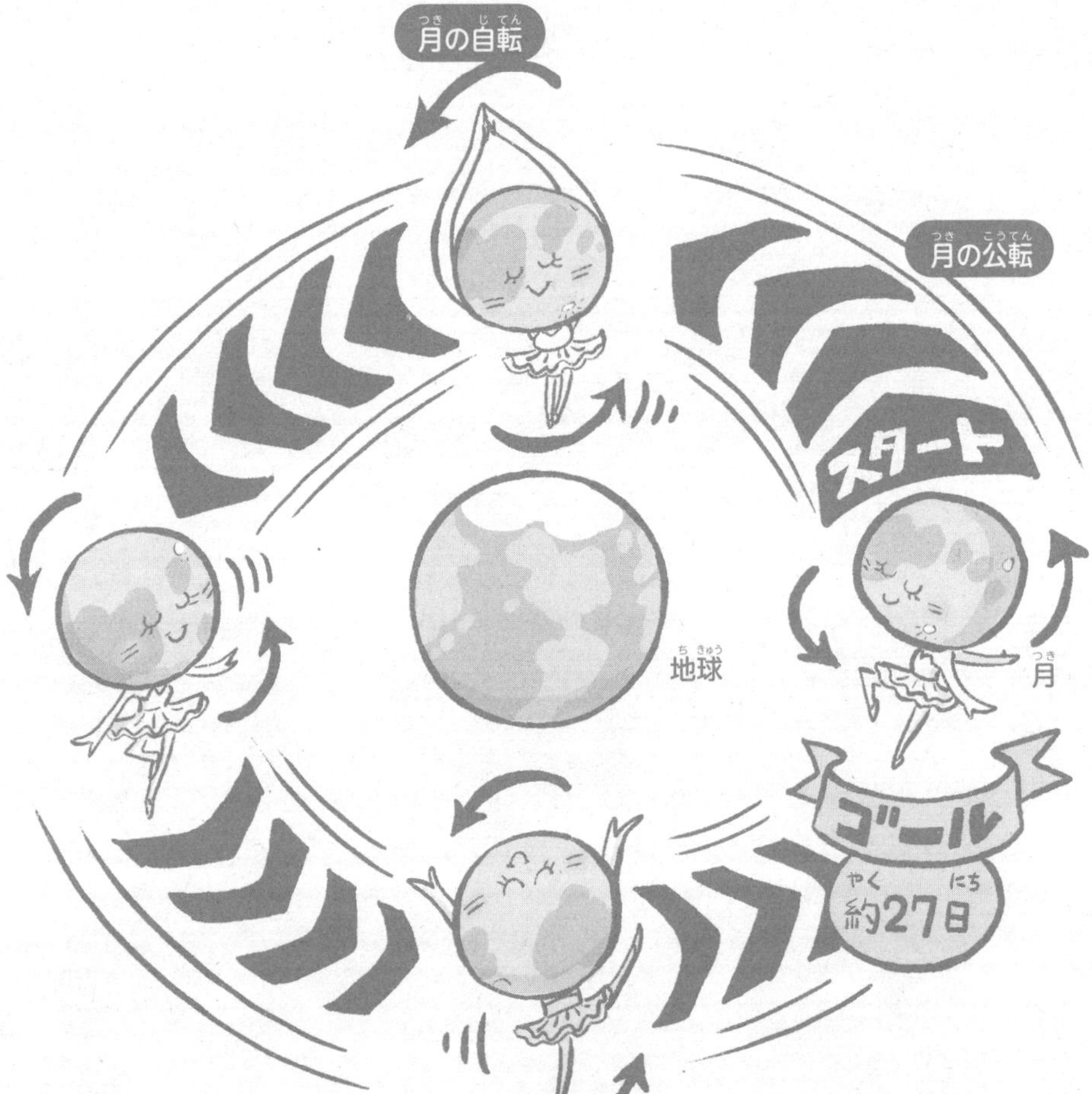
月《つき》の自転《じてん》
月《つき》の公転《こうてん》
スタート
地球《ちきゅう》
月《つき》
ゴール
約《やく》27日《にち》

月《つき》はもと地球《ちきゅう》

約《やく》45億年前《おくねんまえ》、「ていあッ!」と生《う》まれて間《ま》もない地球《ちきゅう》にぶつかった天体《てんたい》がありました。その名《な》も「テイア」。火星《かせい》くらいの巨大《きょだい》な天《てん》体《たい》で、その衝突《しょうとつ》はすさまじいものでした。衝撃《しょうげき》で飛《と》び散《ち》った地球《ちきゅう》の破片《はへん》や、テイアの破片《はへん》の一部《いちぶ》が寄《よ》り集《あつ》まってできたのが、今《いま》の月《つき》。

これが、月《つき》の誕生《たんじょう》について、現《げん》在《ざい》いちばん有力《ゆうりょく》とされている「ジャイアント・インパクト説《せつ》」です。

イラスト:西原宏史

えっ…
月《つき》
生《う》まれました

月《つき》の誕生《たんじょう》いろいろな説《せつ》

月《つき》の成《な》り立《た》ちについては、長年《ながねん》議論《ぎろん》がなされてきた。現在《げんざい》最《もっと》も有力《ゆうりょく》とされているジャイアント・インパクト説《せつ》のほかに、こんな説《せつ》があるよ。

さてボクはどうやって生《う》まれたでしょう?
シンキングターイム!

親子説《おやこせつ》　地球《ちきゅう》の一部《いちぶ》がちぎれて月《つき》になった。

!?

他人説《たにんせつ》　遠《とお》くからきた月《つき》が、地球《ちきゅう》の引力《いんりょく》につかまえられた。

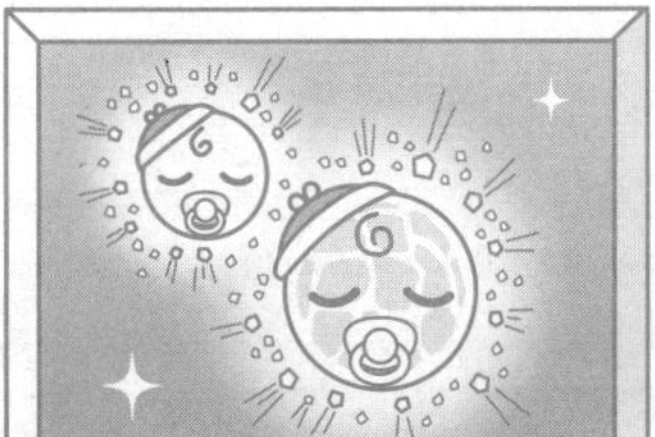

兄弟説《きょうだいせつ》　地球《ちきゅう》と月《つき》は同《おな》じころ、一緒《いっしょ》に生《う》まれた。

月《つき》の足跡《あしあと》は1億《おく》年《ねん》後《ご》も残《のこ》る

推理小説《すいりしょうせつ》では、探偵《たんてい》が足跡《あしあと》を調《しら》べることがありますね。

足跡《あしあと》は事件解決《じけんかいけつ》の大事《だい じ》な手《て》がかりですが、地球《ちきゅう》では、風《かぜ》が吹《ふ》いたり、雨《あめ》が降《ふ》ったりすると消《き》えてしまいます。

月《つき》ってこんなところ
重力《じゅうりょく》が地球《ちきゅう》の6分《ぶん》の1。体重《たいじゅう》30kgの人《ひと》が5kgに！　地球《ちきゅう》に帰《かえ》ったら体重《たいじゅう》は元通《もとどお》りだよ
体《からだ》が軽《かる》〜い！
昼《ひる》は110℃
夜《よる》はマイナス170℃
月《つき》には「海《うみ》」と名付《なづ》けられた場所《ばしょ》があるけれど、地球《ちきゅう》の海《うみ》のような水《みず》はないよ
しーん
空気《くうき》がほとんどなく、音《おと》は聞《き》こえないよ
※温度《おんど》はいずれも赤道付近《せきどうふきん》の表面温度《ひょうめんおんど》
イラスト：リーカオ

未来《みらい》の月《つき》で……

犯人《はんにん》はまだ
この近《ちか》くに……
それ
1億年前《おくねんまえ》の
足跡《あしあと》だよ
18
18

アポロ11号《ごう》の宇宙《うちゅう》飛行士《ひこうし》が残《のこ》した足跡《あしあと》

一方《いっぽう》、月《つき》にはほとんど空気《くうき》がなく、地球《ちきゅう》のように風《かぜ》が吹《ふ》いたり雨《あめ》が降《ふ》ったりはしません。月《つき》のどこかに足跡《あしあと》を残《のこ》しても、隕石《いんせき》が衝突《しょうとつ》したり、故意《こい》に消《け》したりしない限《かぎ》り、ずっと残《のこ》り続《つづ》けます。

数万年後《すうまんねんご》、数億年後《すうおくねんご》も足跡《あしあと》が残《のこ》る月《つき》では、いつつけられた足跡《あしあと》かがわからず、探偵《たんてい》もお手上《てあ》げかもしれませんね。

もし月《つき》がなかったら……

1日《にち》が8時間《じかん》に！
寝《ね》て起《お》きたら1日《にち》が終《お》わってた
地球《ちきゅう》がかたむいて気候《きこう》が変《か》わる
砂漠《さばく》に雪《ゆき》が
南極《なんきょく》が砂漠《さばく》に
お月見《つきみ》ができない
あれ〜〜？
潮干《しおひ》がりができない
ガーン

物《もの》と物《もの》のあいだには、必《かなら》ずお互《たが》いに引《ひ》っ張《ぱ》りあう力《ちから》が働《はたら》いています。これを「引力《いんりょく》」といいます。

月《つき》は地球《ちきゅう》から38万《まん》kmも離《はな》れています。もし新幹線《しんかんせん》で行《い》くとしたら、50日《にち》以上《いじょう》かかる距離《きょり》です。そんなに遠《とお》くにある月《つき》と地球《ちきゅう》も、お互《たが》いに引《ひ》っ張《ぱ》りあっているのです。

地球《ちきゅう》の1日《にち》は、地球《ちきゅう》がその場《ば》でくるくる回《まわ》る自転《じてん》の1周分《しゅうぶん》です。月《つき》が引《ひ》っ張《ぱ》る力《ちから》によってブレーキがかかり、現在《げんざい》、地球《ちきゅう》の自転《じてん》は1周《しゅう》24時間《じかん》。本来《ほんらい》の1周分《しゅうぶん》にかかる時間《じかん》よりも長《なが》くなっています。

イラスト：イケウチリリー

月《つき》がなかったら地球《ちきゅう》の1日《にち》はたったの8時《じ》間《かん》!?

もし月《つき》がなかったら、地球《ちきゅう》の回転《かいてん》にブレーキがかからなくなり、1日《にち》は8時《じ》間《かん》くらいになると考《かんが》えられています。さらには、地球《ちきゅう》がぐらぐらと傾《かたむ》いて気候《きこう》が変《か》わったり、潮《しお》の満《み》ち引《ひ》きがほとんどなくなったりと、環境《かんきょう》に大《おお》きな影響《えいきょう》が及《およ》びます。月《つき》は地球《ちきゅう》にとって大切《たいせつ》なパートナーなんですね!

月《つき》は地球《ちきゅう》の海《うみ》を引《ひ》っ張《ぱ》っている

潮《しお》の満《み》ち引《ひ》きは、月《つき》の引力《いんりょく》で、地球《ちきゅう》の海《うみ》が引《ひ》っ張《ぱ》られて起《お》こるんだ。満潮《まんちょう》、干潮《かんちょう》は1日《にち》2回《かい》ずつあるよ!

アツい!
先駆者《せんくしゃ》
伝説《でんせつ》

惑星《わくせい》の運動《うんどう》の法則《ほうそく》を生《う》んだ数学《すうがく》の天才《てんさい》

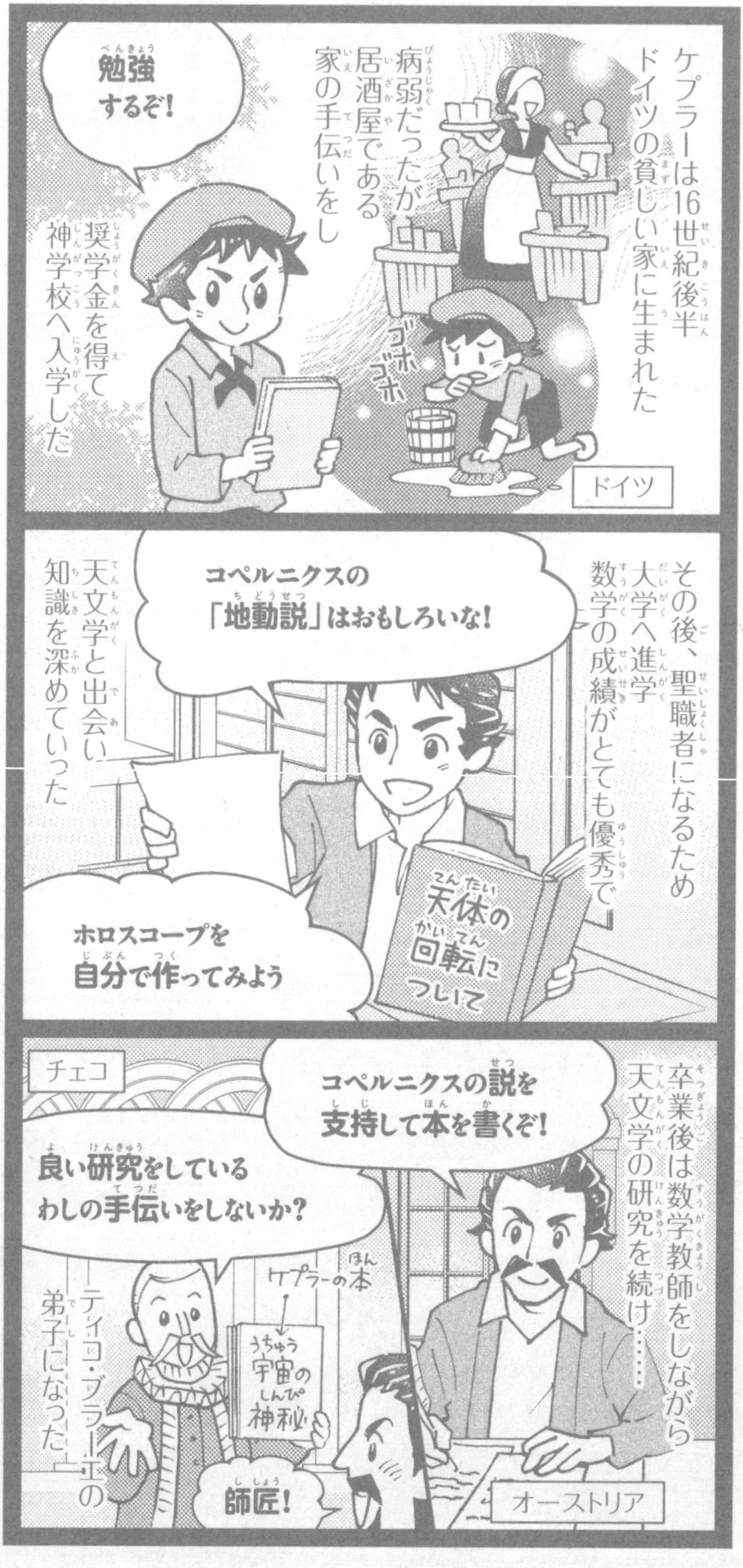
ケプラーは16世紀後半《せいきこうはん》ドイツの貧《まず》しい家《いえ》に生《う》まれた
病弱《びょうじゃく》だったが居酒屋《いざかや》である家《いえ》の手伝《てつだ》いをし
ゴホゴホ
ドイツ
奨学金《しょうがくきん》を得《え》て神学校《しんがっこう》へ入学《にゅうがく》した
勉強《べんきょう》するぞ!
その後《ご》、聖職者《せいしょくしゃ》になるため大学《だいがく》へ進学《しんがく》数学《すうがく》の成績《せいせき》がとても優秀《ゆうしゅう》で
コペルニクスの「地動説《ちどうせつ》」はおもしろいな!
天文学《てんもんがく》と出会《であ》い知識《ちしき》を深《ふか》めていった
天体《てんたい》の回転《かいてん》について
ホロスコープを自分《じぶん》で作《つく》ってみよう
卒業後《そつぎょうご》は数学教師《すうがくきょうし》をしながら天文学《てんもんがく》の研究《けんきゅう》を続《つづ》け……
コペルニクスの説《せつ》を支持《しじ》して本《ほん》を書《か》くぞ!
チェコ
良《よ》い研究《けんきゅう》をしているわしの手伝《てつだ》いをしないか?
ケプラーの本《ほん》
宇宙《うちゅう》の神秘《しんぴ》
ティコ・ブラーエの弟子《でし》になった
師匠《ししょう》!
オーストリア

ヨハネス・ケプラー

(1571-1630年《ねん》)

ドイツの天文学者《てんもんがくしゃ》。チェコで天体観測《てんたいかんそく》をしていたティコ・ブラーエの助手《じょしゅ》となる。観測《かんそく》データを引《ひ》き継《つ》いで研究《けんきゅう》を続《つづ》ける。惑星《わくせい》がどのように運動《うんどう》するかを説明《せつめい》する「ケプラーの法則《ほうそく》」を公表《こうひょう》。天文学《てんもんがく》を大《おお》きく発展《はってん》させた。1618年《ねん》に始《はじ》まった30年戦争《ねんせんそう》から逃《のが》れて住居《じゅうきょ》を転々《てんてん》としたり、魔女容疑《まじょようぎ》で逮捕《たいほ》された母親《ははおや》の救出《きゅうしゅつ》に奔走《ほんそう》したりと、争乱《そうらん》の時代《じだい》に翻弄《ほんろう》された生涯《しょうがい》だった。

ティコ・ブラーエは望遠鏡《ぼうえんきょう》のない時代《じだい》に肉眼《にくがん》で天体観測《てんたいかんそく》をおこない精密《せいみつ》な記録《きろく》を残《のこ》した
ケプラーはその記録《きろく》を引《ひ》き継《つ》いだ
すごい量《りょう》だ……これで惑星《わくせい》の動《うご》きが示《しめ》せるかも……
得意《とくい》の数学《すうがく》で火星《かせい》の軌道《きどう》の計算《けいさん》を続《つづ》け
惑星《わくせい》は楕円《だえん》を描《えが》いて回《まわ》っている！
惑星《わくせい》がどうやって太陽《たいよう》の周《まわ》りを動《うご》くかを説明《せつめい》する3つの法則《ほうそく》を生《う》み出《だ》した！
同《おな》じ時代《じだい》にケプラーは理論《りろん》でガリレイは観測《かんそく》で「地動説《ちどうせつ》」を裏付《うらづ》けた
「ケプラーの法則《ほうそく》」は現代《げんだい》にいたるまで多《おお》くの天文学者《てんもんがくしゃ》を支《ささ》え続《つづ》けている

マンガ：逸架ぱずる、画像：iStock

太陽系《たいようけい》の惑星《わくせい》インタビュー その2

2回目《かいめ》の今回《こんかい》は、ガスでできた巨大《きょだい》な「木星型惑星《もくせいがたわくせい》」（木星《もくせい》・土星《どせい》）と、水《みず》やメタンの氷《こおり》でできている「天王星型惑星《てんのうせいがたわくせい》」（天王星《てんのうせい》・海王星《かいおうせい》）にお話《はなし》を聞《き》いてみましょう。

Q 大《おお》きいですね〜！

木星《もくせい》

太陽系《たいようけい》で最大《さいだい》の惑星《わくせい》だからね。赤道《せきどう》でくらべると地球《ちきゅう》の約《やく》27倍《ばい》の速《はや》さで自転《じてん》しているよ！

Q やっぱり、環《わ》がご自慢《じまん》ですか？

土星《どせい》

そう思《おも》ってたんだけどね。実《じつ》は木星《もくせい》、天王星《てんのうせい》、海王星《かいおうせい》にも環《わ》があるんだって。自分《じぶん》だけじゃないって知《し》ったら、ちょっとフクザツ……。

Q なんで横倒《よこだお》しで自転《じてん》しているんですか。

天王星《てんのうせい》

あんまり覚《おぼ》えてないけど、生《う》まれたてのころに大《おお》きな天体《てんたい》がぶつかったらしいんだよね。

Q 個性的《こせいてき》な衛星《えいせい》があるとか？

海王星《かいおうせい》

トリトンのこと？ 地球《ちきゅう》の月《つき》もそうだけど、衛星《えいせい》ってみんな惑星《わくせい》の自転《じてん》と同《おな》じ方向《ほうこう》に公転《こうてん》するんだ。でも、トリトンは僕《ぼく》の自転《じてん》と逆《ぎゃく》の方向《ほうこう》に回《まわ》ってる。ひねくれものだよね。

イラスト：イケウチリリー、iStock

3章《しょう》

地《ち》球《きゅう》のご近《きん》所《じょ》！

太《たい》陽《よう》系《けい》

月《つき》のクレーターにはこんな名前《なまえ》が！

天文学者《てんもんがくしゃ》　**宇宙飛行士《うちゅうひこうし》**

ケプラー　**コペルニクス**　**アームストロング**

月《つき》のクレーターには、学者《がくしゃ》や宇宙飛行士《うちゅうひこうし》などの名前《なまえ》が付《つ》けられているよ。

水《すい》星《せい》には紫《むらさき》式《しき》部《ぶ》や清《せい》少《しょう》納《な》言《ごん》がいる？

約《やく》1000年前《ねんまえ》に活躍《かつやく》した作家《さっか》、紫式部《むらさきしきぶ》と清少納言《せいしょうなごん》が、水星《すいせい》に！……というと住《す》んでいるみたいですが、実《じつ》はこの2人《ふたり》、「ムラサキ」「セイ」という水星《すいせい》のクレーターの名前《なまえ》の由来《ゆらい》になっているのです。

1974年《ねん》、アメリカの探査機《たんさき》「マリナー10号《ごう》」が撮《と》った写真《しゃしん》で、水星《すいせい》の表面《ひょうめん》にたくさんのクレーターがあることがわかりました。多《おお》くの水星《すいせい》のクレーターには、芸術家《げいじゅつか》の名前《なまえ》が付《つ》けられています。

ベートーヴェンやショパンなどの音楽家《おんがくか》から、ゴッホやピカソなどの画家《がか》など、そうそうたる芸術家《げいじゅつか》が水星《すいせい》のクレーター名《めい》になっています。日本人《にほんじん》の名前《なまえ》も、たくさん見《み》つかりますよ。

イラスト：イケウチリリー

水星《すいせい》のクレーターには
こんな日本人《にほんじん》の名前《なまえ》も付《つ》いているよ！

芥川龍之介《あくたがわりゅうのすけ》、夏目漱石《なつめそうせき》（作家《さっか》）、歌川広重《うたがわひろしげ》、葛飾北斎《かつしかほくさい》（浮世絵師《うきよえし》）、運慶《うんけい》（仏師《ぶっし》）、世阿弥《ぜあみ》（能役者《のうやくしゃ》・能作者《のうさくしゃ》）、松尾芭蕉《まつおばしょう》（俳人《はいじん》）など。

金《きん》星《せい》は地《ち》球《きゅう》の兄《きょう》弟《だい》星《ぼし》

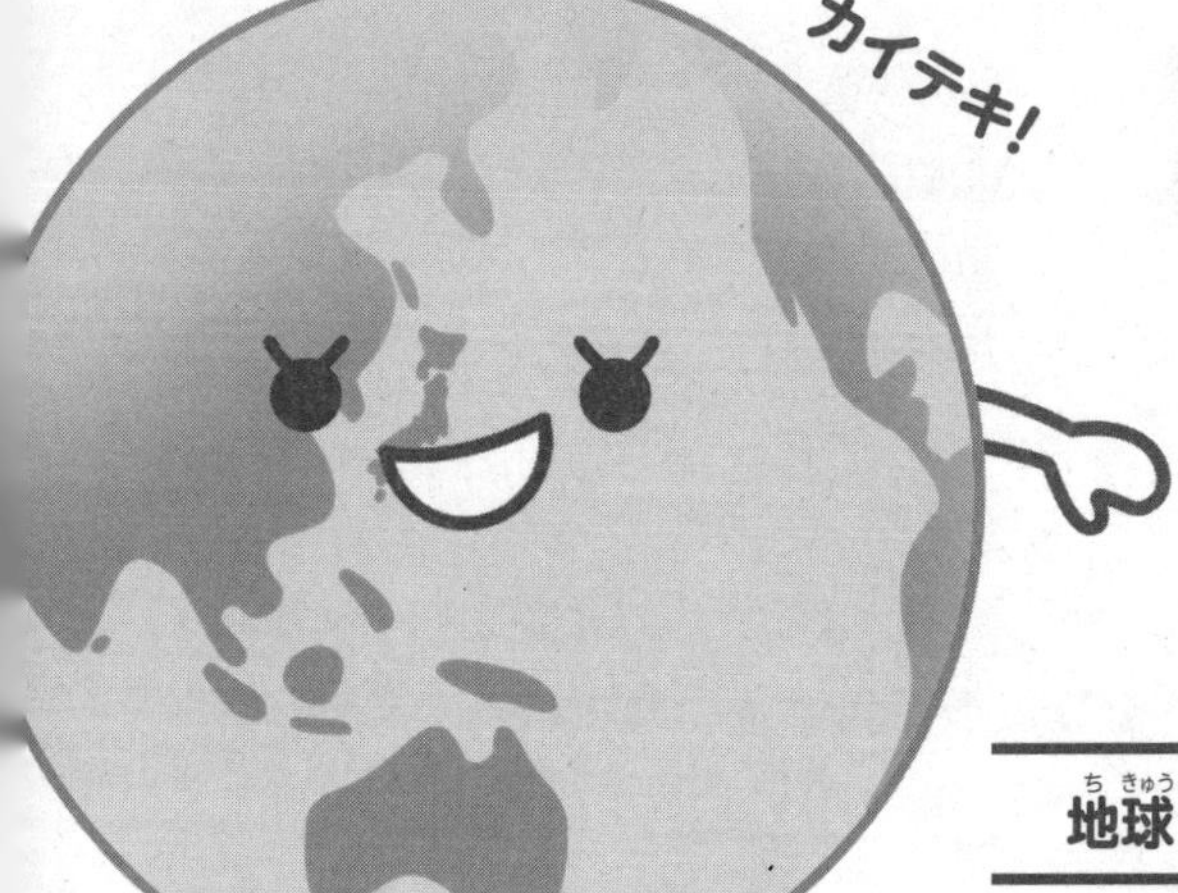

大《おお》きさ：ほぼ同《おな》じ
重《おも》さ：ほぼ同《おな》じ
だから兄弟星《きょうだいぼし》!!

地球《ちきゅう》

平均気温《へいきんきおん》：15℃
気圧《きあつ》：1気圧《きあつ》
主《おも》な大気《たいき》：酸素《さんそ》と窒素《ちっそ》

金星《きんせい》は太陽系《たいようけい》の内側《うちがわ》から数《かぞ》えて2番目《ばんめ》、地球《ちきゅう》のすぐ内側《うちがわ》を回《まわ》る惑星《わくせい》です。大《おお》きさと重《おも》さは地球《ちきゅう》とだいたい同《おな》じくらい。そのため、兄弟星《きょうだいぼし》といわれています。

けれども、表面《ひょうめん》の環境《かんきょう》は大《おお》きく違《ちが》います。金星《きんせい》の大気《たいき》はほとんどが二酸化炭素《にさんかたんそ》です。この濃《こ》い二酸化炭素《にさんかたんそ》が、まるで温室《おんしつ》のように熱《ねつ》を閉《と》じ込《こ》めるため、金星《きんせい》の気温《きおん》はなんと460℃という暑《あつ》さ！

さらに、金星《きんせい》をおおう分厚《ぶあつ》い雲《くも》の正体《しょうたい》は、いろいろなものを溶《と》かしてしまう硫《りゅう》

イラスト：リーカオ

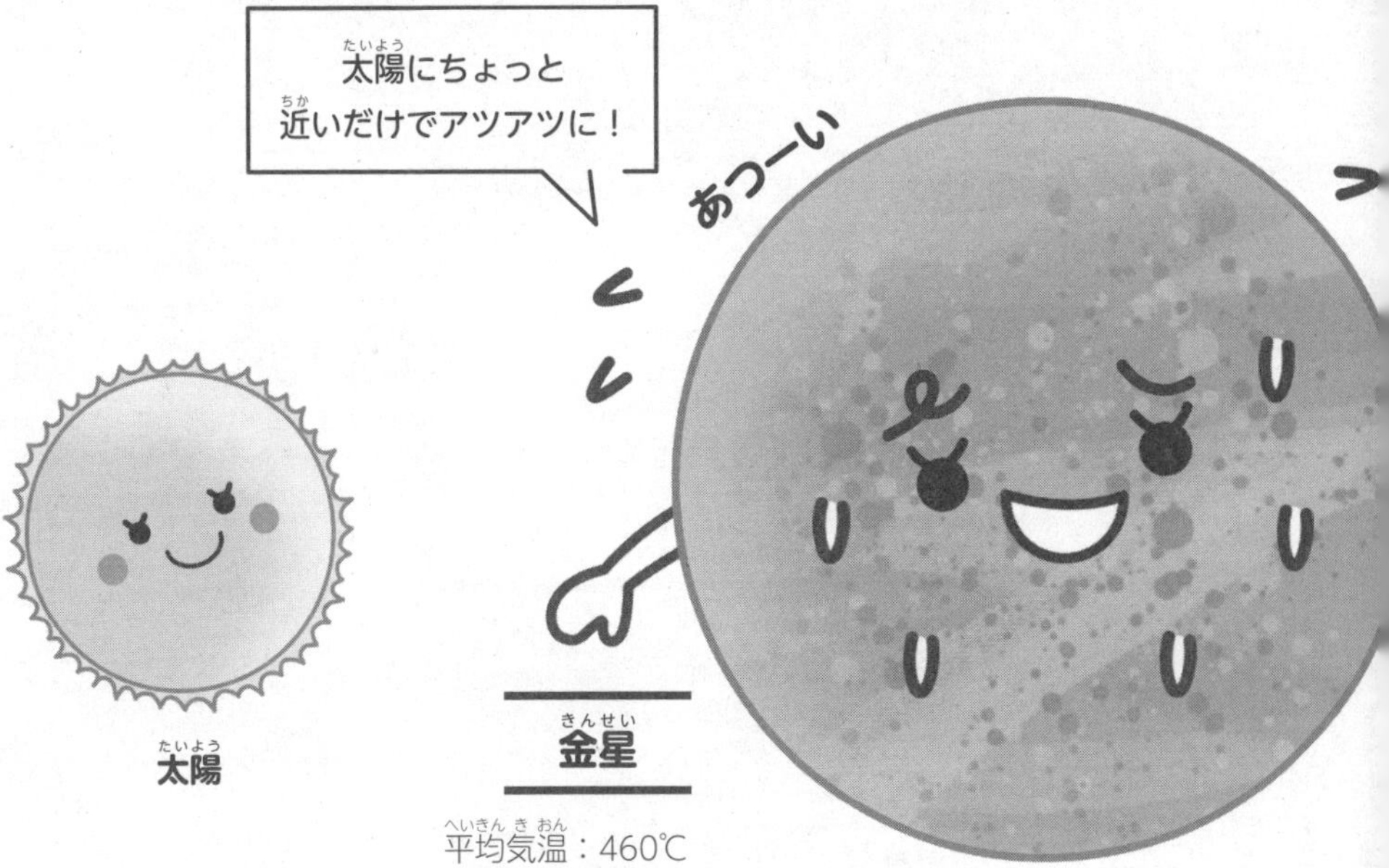

太陽《たいよう》にちょっと近《ちか》いだけでアツアツに！
あつーい
太陽《たいよう》
金星《きんせい》

平均気温《へいきんきおん》：460℃
気圧《きあつ》：90 気圧《きあつ》
主《おも》な大気《たいき》：二酸化炭素《にさんかたんそ》

酸《さん》です。金星《きんせい》には、はるか昔《むかし》には水《みず》の海《うみ》があったという説《せつ》もありますが、今《いま》は生《い》き物《もの》がすめる環境《かんきょう》からは程遠《ほどとお》い惑星《わくせい》になっています。

太陽《たいよう》が沈《しず》んだあと、西《にし》の空《そら》に明《あか》るく光《ひか》る一番星《いちばんぼし》を見《み》つけたら、多《おお》くの場合《ばあい》、それは金星《きんせい》だよ！

火《か》星《せい》の雪《ゆき》は四《し》角《かく》い!?

火星《かせい》で降《ふ》るのはドライアイスの雪《ゆき》。結晶《けっしょう》は、人間《にんげん》の髪《かみ》の毛《け》の幅《はば》よりも小《ちい》さい立方体《りっぽうたい》と考《かんが》えられているよ。でもすごく小《ちい》さいから、肉《にく》眼《がん》では見《み》られないよ。

もしかして四《し》角《かく》い…?
あくまでイメージです!

イラスト:西原宏史

火星《かせい》ってこんなところ!

富士山《ふじさん》の約《やく》7倍《ばい》の高《たか》さの山《やま》がある!

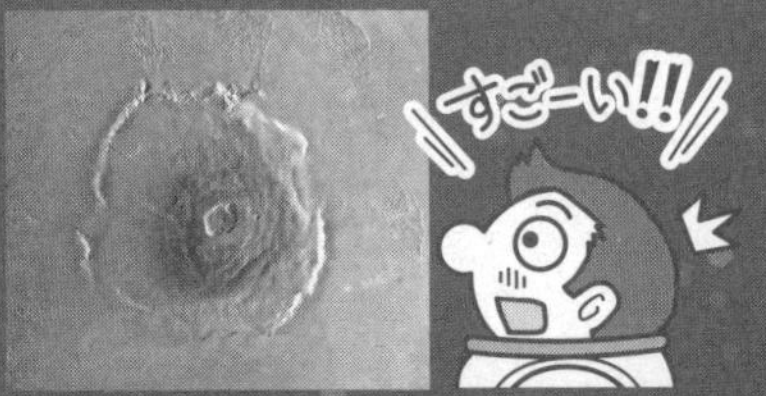

太陽系《たいようけい》で一番高《いちばんたか》い「オリンポス山《さん》」があるよ。

巨大《きょだい》なスケートリンクのようなクレーターがある

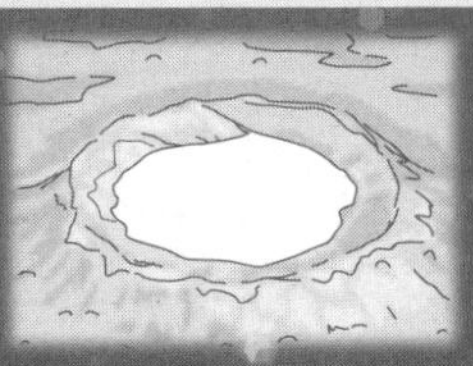

「コロリョフ・クレーター」は、直径《ちょっけい》約《やく》80㎞、深《ふか》さ約《やく》2㎞。常《つね》に氷《こおり》が張《は》っているんだ。

赤《あか》い大地《だいち》と青《あお》い夕焼《ゆうや》け

さびた鉄《てつ》がたくさん含《ふく》まれた大地《だいち》は、赤《あか》く見《み》えるよ。なんと、夕焼《ゆうや》けは青《あお》いんだ！

火星《かせい》は、太陽系《たいようけい》の内側《うちがわ》から数《かぞ》えて4番《ばん》目《め》、地球《ちきゅう》のすぐ外側《そとがわ》を回《まわ》る惑星《わくせい》で、夜空《よぞら》では赤《あか》く光《ひか》って見《み》えます。大《おお》きさ（直径《ちょっけい》）は地球《ちきゅう》の半分《はんぶん》ぐらい。平均気温《へいきんきおん》はマイナス55℃とすごく寒《さむ》い惑星《わくせい》です。うすいですが大気《たいき》もあります。

ただし、大気《たいき》のほとんどは二酸化炭素《にさんかたんそ》。二酸化炭素《にさんかたんそ》は、凍《こお》るとドライアイスになります。とても寒《さむ》い火星《かせい》の南極《なんきょく》では、二酸化炭素《にさんかたんそ》の雲《くも》から、ドライアイスの雪《ゆき》が降《ふ》ってくるのです。

ところで、ドライアイスの結晶《けっしょう》って、どんな形《かたち》か知《し》っていますか？　答《こた》えは、サイコロみたいな立方体《りっぽうたい》！　小《ちい》さすぎるので、肉眼《にくがん》では見《み》えませんけどね。

「たこやき」という名前《なまえ》の小惑星《しょうわくせい》がある

太陽系《たいようけい》には、小惑星《しょうわくせい》と呼《よ》ばれる小《ちい》さな天体《てんたい》がたくさんあります。大《おお》きさは、石《いし》ころくらいから、直径《ちょっけい》500kmのビッグサイズまでさまざま。

実《じつ》はこの小惑星《しょうわくせい》、発見《はっけん》して太陽《たいよう》を回《まわ》る道筋《みちすじ》を明《あき》らかにした人《ひと》が、名前《なまえ》を提案《ていあん》できることになっています。日本人《にほんじん》が発見《はっけん》した小惑星《しょうわくせい》の中《なか》には、「たこやき」「一寸法師《いっすんぼうし》」「トトロ」などと名付《なづ》けられたものもあります。

イラスト：イケウチリリー

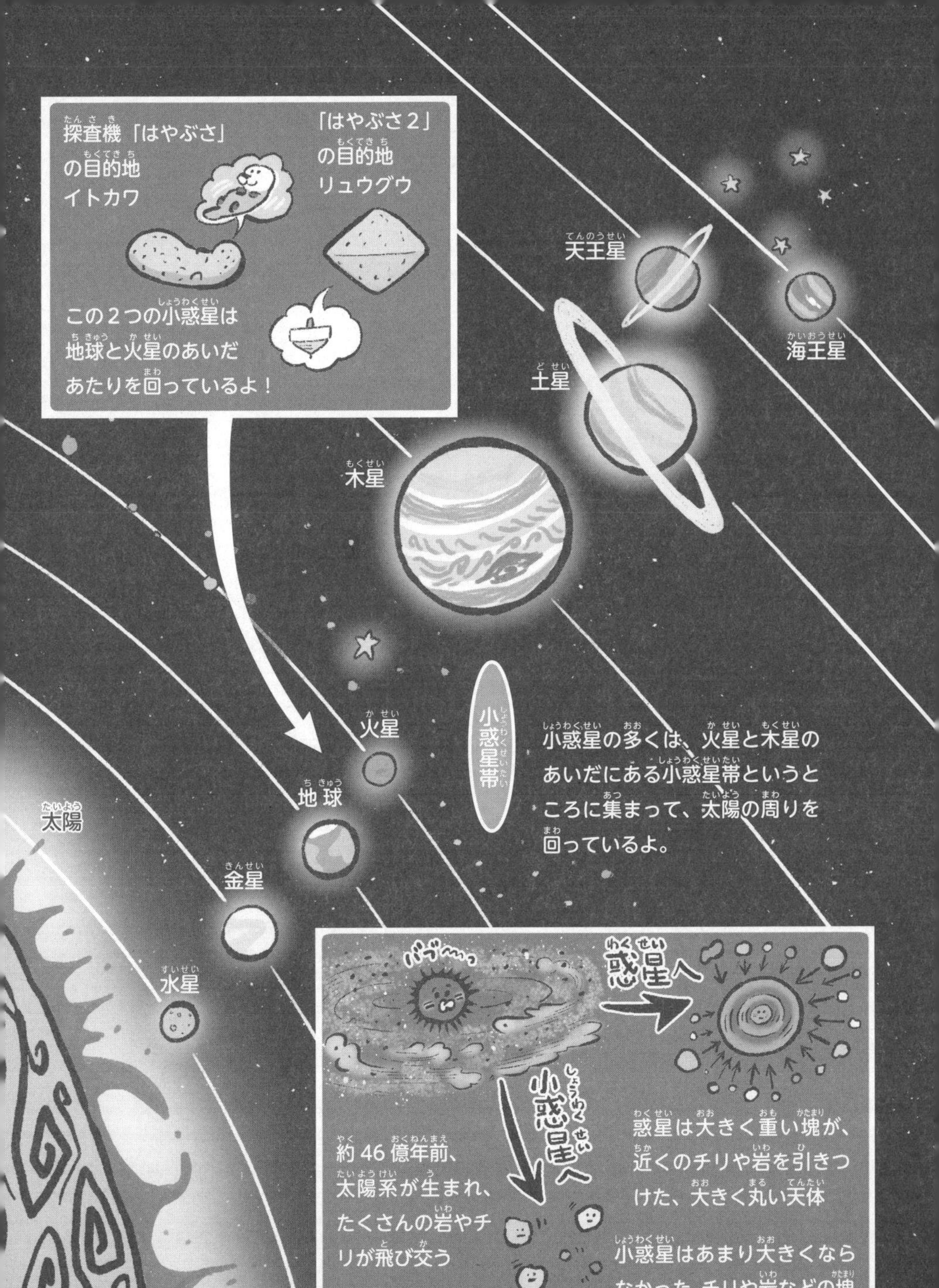
探査機《たんさき》「はやぶさ」の目的地《もくてきち》イトカワ
「はやぶさ2」の目的地《もくてきち》リュウグウ
この2つの小惑星《しょうわくせい》は地球《ちきゅう》と火星《かせい》のあいだあたりを回《まわ》っているよ！
天王星《てんのうせい》
海王星《かいおうせい》
土星《どせい》
木星《もくせい》
火星《かせい》
地球《ちきゅう》
金星《きんせい》
水星《すいせい》
太陽《たいよう》
小惑星帯《しょうわくせいたい》
小惑星《しょうわくせい》の多《おお》くは、火星《かせい》と木星《もくせい》のあいだにある小惑星帯《しょうわくせいたい》というところに集《あつ》まって、太陽《たいよう》の周《まわ》りを回《まわ》っているよ。
バブ〜ッ
約《やく》46億年前《おくねんまえ》、太陽系《たいようけい》が生《う》まれ、たくさんの岩《いわ》やチリが飛《と》び交《か》う
惑星《わくせい》へ
惑星《わくせい》は大《おお》きく重《おも》い塊《かたまり》が、近《ちか》くのチリや岩《いわ》を引《ひ》きつけた、大《おお》きく丸《まる》い天体《てんたい》
小惑星《しょうわくせい》へ
小惑星《しょうわくせい》はあまり大《おお》きくならなかった、チリや岩《いわ》などの塊《かたまり》

突然《とつぜん》ですが、恐竜《きょうりゅう》は660万年《まんねん》ほど前《まえ》、地球《ちきゅう》に巨大《きょだい》な隕石《いんせき》が降《ふ》ってきたことが原因《げんいん》で絶滅《ぜつめつ》したといわれています。大《おお》きな隕石《いんせき》の衝突《しょうとつ》は、地球《ちきゅう》の環境《かんきょう》をすさまじく変化《へんか》させてしまいます。

木星《もくせい》は、そんな隕石《いんせき》からいつも地球《ちきゅう》を守《まも》ってくれています。太陽系《たいようけい》で一番大《いちばんおお》きい惑星《わくせい》で、重《おも》さは地球《ちきゅう》の300倍《ばい》以上《いじょう》。それだけ大《おお》きいので重力《じゅうりょく》が強《つよ》く、近《ちか》づいてくる小《ちい》さな天体《てんたい》を引《ひ》きつけてとらえたり、くだいたりしています。

イラスト：イケウチリリー

木《も》星《せい》さんありがとう♥
リ
メ
ズッ

木《もく》星《せい》は地《ち》球《きゅう》を守《まも》る巨《きょ》大《だい》な掃《そう》除《じ》機《き》

もし木星《もくせい》がなかったら、地《ち》球《きゅう》に小《しょう》天《てん》体《たい》が衝《しょう》突《とつ》する危《き》険《けん》性《せい》は、何《なん》百《びゃく》倍《ばい》にもなるのだとか。木星《もくせい》さん、ありがとう！

木《もく》星《せい》物《もの》語《がたり》

もっと重《おも》かったら、太陽《たいよう》のように自《みずか》ら光《ひか》っていたかもしれない木星《もくせい》
ガスの塊《かたまり》なので、地面《じめん》がないよ
といいいいい
ジタバタジタバタ
表面《ひょうめん》では、激《はげ》しい嵐《あらし》が吹《ふ》き荒《あ》れているんだ
ゴオオオオオオオオオ
ミャアアアアアア
発見《はっけん》されてから約《やく》350年《ねん》続《つづ》く台風《たいふう》、大赤斑《だいせきはん》
でも、もし近《ちか》づけたら、衛星《えいせい》がたくさん見《み》えるはず！
絶《ぜっ》景《けい》！
来たかいがあったニャ♥

土《ど》星《せい》には耳《みみ》がある!?

イタリアの科学者《かがくしゃ》ガリレオ・ガリレイは1610年《ねん》、望遠鏡《ぼうえんきょう》で見《み》た土星《どせい》についてこう記《しる》しました。「耳《みみ》がある」。当時《とうじ》の望遠鏡《ぼうえんきょう》はくっきりと見《み》えなかったので、土星《どせい》の何《なに》かが「耳《みみ》」に見《み》えたのです。「耳《みみ》」の正体《しょうたい》がわかったのはそれから約《やく》45年後《ねんご》。オランダの天文学《てんもんがく》者《しゃ》ホイヘンスが性能《せいのう》の良《よ》い望遠鏡《ぼうえんきょう》で土星《どせい》を調《しら》べ、「耳《みみ》」は環《わ》だと発《はっ》見《けん》しました。

イラスト:西原宏史

土星《どせい》は、太陽系《たいようけい》の惑星《わくせい》では木星《もくせい》の次《つぎ》に大《おお》きい。水素《すいそ》などのガスでできていて、たくさんの衛星《えいせい》があるよ。土星《どせい》の環《わ》は円盤《えんばん》のように見《み》えるけど、実《じつ》は小《ち》さい氷《こおり》や岩《いわ》のかけらが集《あつ》まったもの。幅《はば》は 20 万《まん》 km 以上《いじょう》もあるけど、厚《あつ》さはたった数十《すうじゅう》 m ほどなんだ。

ガリレオ・ガリレイはこんな観測《かんそく》もしたよ

木星《もくせい》に4つの衛星《えいせい》を見《み》つけた

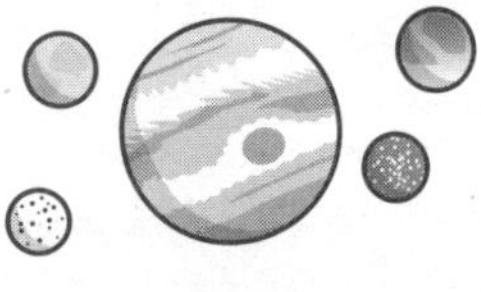

木星《もくせい》の周《まわ》りを回《まわ》る衛星《えいせい》が見《み》つかったことは、「すべての天体《てんたい》が地球《ちきゅう》の周《まわ》りを回《まわ》っている」とする天動説《てんどうせつ》を否定《ひてい》する証拠《しょうこ》のひとつとなったんだ。見《み》つかったのは、イオ、エウロパ、ガニメデ、カリストで、現在《げんざい》「ガリレオ衛星《えいせい》」と呼《よ》ばれているよ。

太陽《たいよう》の黒点《こくてん》を見《み》つけた

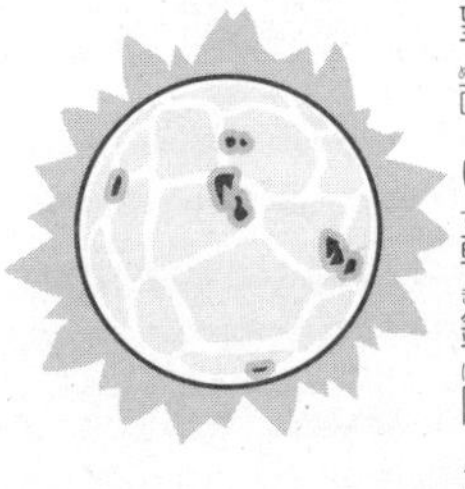

望遠鏡《ぼうえんきょう》で黒点《こくてん》（周囲《しゅうい》と比《くら》べて表面温度《ひょうめんおんど》が低《ひく》いところ）が移動《いどう》していく様子《ようす》を観測《かんそく》し、太陽《たいよう》の自転《じてん》を発見《はっけん》したよ。でも、望遠鏡《ぼうえんきょう》で太陽《たいよう》を見《み》るのはとても危険《きけん》なこと。長年《ながねん》の観測《かんそく》がたたったのか、ガリレイは晩年《ばんねん》に失明《しつめい》してしまうんだ。

月《つき》のクレーターを発見《はっけん》した

月《つき》も熱心《ねっしん》に観察《かんさつ》し、クレーターを発見《はっけん》したよ。暗《くら》く見《み》えるところは地球《ちきゅう》の海《うみ》と同《おな》じく、水《みず》があると考《かんが》えていたようだけど、実際《じっさい》は黒《くろ》っぽい色《いろ》の石《いし》におおわれた平原《へいげん》なんだ。

※ 太陽《たいよう》は絶対《ぜったい》に望遠鏡《ぼうえんきょう》で見《み》てはいけません！

天王星《てんのうせい》は、くさいおならのにおいがする

土星《どせい》の外側《そとがわ》を回《まわ》る惑星《わくせい》・天王星《てんのうせい》。あまり目立《めだ》たない印象《いんしょう》があるかもしれませんが、実《じつ》は面白《おもしろ》い特徴《とくちょう》を持《も》っています。天王星《てんのうせい》は、巨大《きょだい》なガスや氷《こおり》でできた惑星《わくせい》で、緑《みどり》がかった淡《あわ》いきれいな青色《あおいろ》をしています。ですがこの星《ほし》、なんとおならのにおいがすると言《い》われています。

天王星《てんのうせい》の雲《くも》には、くさ〜いおならのにおいがする硫化水素《りゅうかすいそ》が含《ふく》まれていて、もしも人《ひと》が天王星《てんのうせい》の雲《くも》に入《はい》れたとしたらとんでもないことになりそうです。

そして天王星《てんのうせい》は、大《おお》きく横《よこ》に倒《たお》れていることも面白《おもしろ》い特徴《とくちょう》のひとつ。大昔《おおむかし》に大《おお》きな天体《てんたい》がぶつかってきて、それ以来《いらい》ずっと自《じ》転《てん》の軸《じく》が傾《かたむ》いてしまったと考《かんが》えられています。

その角度《かくど》は約《やく》98°。ほぼ横倒《よこだお》しになった状《じょう》態《たい》でくるくると転《ころ》がるように太陽《たいよう》の周《まわ》りを回《まわ》っているのです。

イラスト：イケウチリリー

ボクはいつも
98°
かたむいてる

なんて
美《うつく》しい星《ほし》なの！
でもくっさ〜い！

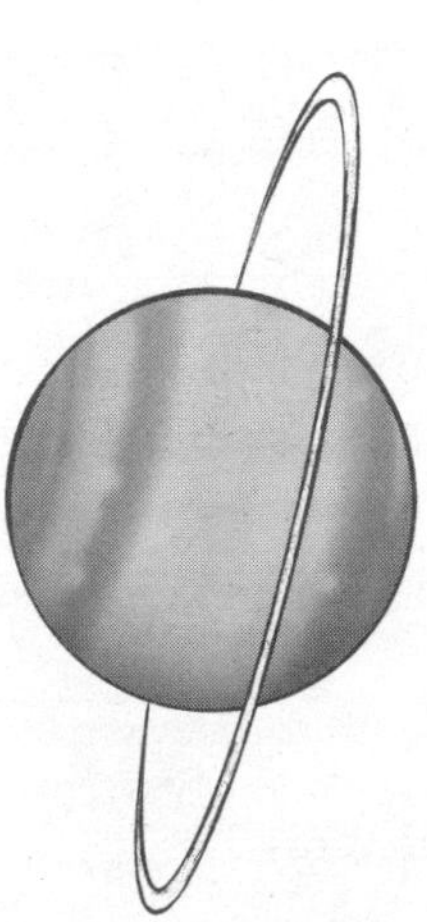

天王星《てんのうせい》ってこんな惑星《わくせい》

太陽《たいよう》に近《ちか》いほうから数《かぞ》えて7番目《ばんめ》。1781 年《ねん》、イギリスの天文学者《てんもんがくしゃ》であるウイリアム・ハーシェルが発見《はっけん》したよ。太陽《たいよう》から遠《とお》いから、公転《こうてん》 周《しゅう》 期《き》は約《やく》 84 年《ねん》。横倒《よこだお》しになったまま太陽《たいよう》の周《まわ》りを回《まわ》っているので、42 年間太陽《ねんかんたいよう》が沈《しず》まない日《ひ》が続《つづ》く場所《ばしょ》や、42 年間太陽《ねんかんたいよう》がのぼらない日《ひ》が続《つづ》く場所《ばしょ》があるんだ！

ダイヤモンドの雨《あめ》が降《ふ》る海王星《かいおうせい》

すご〜い！
ダイヤモンドの雨《あめ》だ

　太陽系《たいようけい》でいちばん外側《そとがわ》にある惑星《わくせい》が海王星《かいおうせい》です。太陽《たいよう》からとても遠《とお》いので、表面《ひょうめん》の温度《おんど》はマイナス２００℃以下《いか》。寒《さむ》い星《ほし》なのです。また、太陽《たいよう》から遠《とお》いということは、太陽《たいよう》の周《まわ》りを回《まわ》るのも一《ひと》苦労《くろう》。なんと一周《いっしゅう》するのに約《やく》１６５年《ねん》もかかります。海王星《かいおうせい》の１年《ねん》は、地《ち》球《きゅう》の１６５年分《ねんぶん》というこ

イラスト：リーカオ

だけど
めちゃくちゃ
寒《さむ》い！！

とになりますね。

また海王星《かいおうせい》は、深《ふか》く澄《す》んだ濃《こ》い青色《あおいろ》のとても美《うつく》しい宝石《ほうせき》のような星《ほし》なのですが、なんと本物《ほんもの》の宝《ほう》石《せき》・ダイヤモンドが雨《あめ》のように降《ふ》り注《そそ》いでいると言《い》われています！　海王《かいおう》星《せい》とお隣《となり》の惑星《わくせい》・天王星《てんのうせい》をおおった雲《くも》にはメタンというガスが含《ふく》まれており、そのメタンからダイヤモンドが作《つく》られるのです。なんてロマンチックな星《ほし》なのでしょう！

冥《めい》王《おう》星《せい》にはハート形《がた》の模《も》様《よう》がある

以前《いぜん》、冥王星《めいおうせい》は太陽系《たいようけい》の惑星《わくせい》のひとつでした。おうちの人《ひと》に惑星《わくせい》の順番《じゅんばん》を聞《き》くと、「水金地火木土天海冥《すいきんちかもくどてんかいめい》」と答《こた》えるお父《とう》さんやお母《かあ》さんがいるかもしれません。

太陽系《たいようけい》のいちばん外側《そとがわ》の惑星《わくせい》だった冥王《めいおう》星《せい》ですが、2006年《ねん》に「準惑星《じゅんわくせい》」という新《あたら》しい基準《きじゅん》ができ、冥王星《めいおうせい》はこの「準惑《じゅんわく》星《せい》」に分類《ぶんるい》されることになりました。

「周《まわ》りの天体《てんたい》を自分《じぶん》の軌道《きどう》から追《お》い出《だ》している」という惑星《わくせい》の条件《じょうけん》の一《ひと》つに当《あ》てはまらなかったのです。冥王星自身《めいおうせいじしん》は、惑星《わくせい》の仲間《なかま》から外《はず》されてがっかりしているかもしれませんね。

ですが、冥王星《めいおうせい》は氷《こおり》の火山《かざん》や、氷《こおり》でできたハート形《がた》の大《おお》きな平原《へいげん》を持《も》つ魅力的《みりょくてき》な天体《てんたい》なのですよ。

惑星《わくせい》の条件《じょうけん》とは?

❶ 太陽《たいよう》の周《まわ》りを回《まわ》っている

❷ 丸《まる》い
(重《おも》たいので、自分《じぶん》の重力《じゅうりょく》でほぼ球《きゅう》の形《かたち》になれる)

❸ 周《まわ》りの天体《てんたい》を自分《じぶん》の軌道《きどう》から追《お》い出《だ》している

イラスト:笠原ひろひと

さようならー
惑星《わくせい》から
はずされた…
元気出《げんきだ》して
わたしが仲間《なかま》よ
エリス
冥王星《めいおうせい》

2005年《ねん》に見《み》つかった天体《てんたい》エリスも代表的《だいひょうてき》な「準惑星《じゅんわくせい》」です。エリスの発見《はっけん》は、冥王星《めいおうせい》が惑星《わくせい》から外《はず》されるきっかけのひとつとなりました。

彗《すい》星《せい》の正《しょう》体《たい》、実《じつ》は汚《よご》れた雪《ゆき》だるま

彗星《すいせい》のしくみ

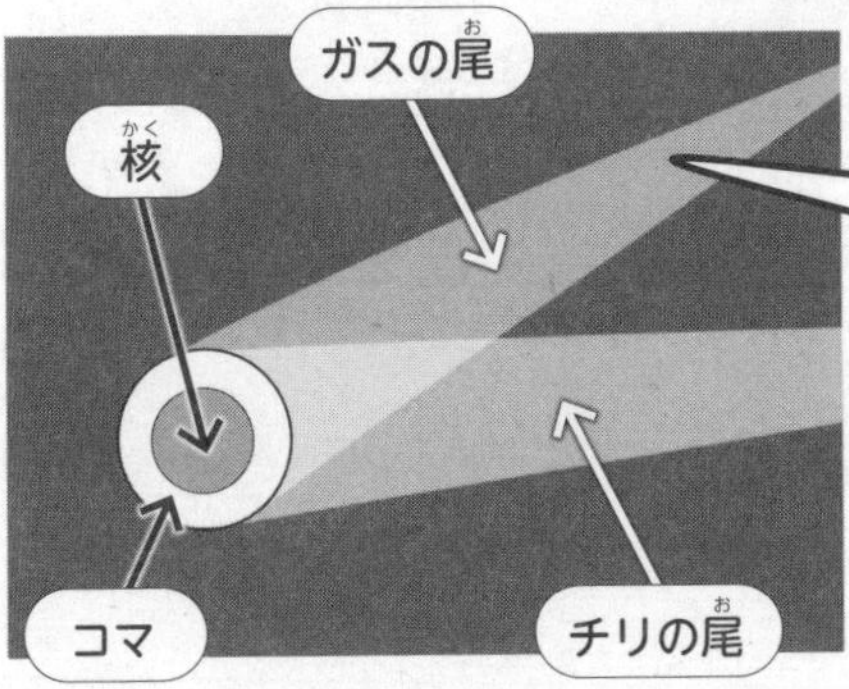

イラスト:相馬哲也

「ほうき星《ぼし》」ともいわれる、長《なが》い尾《お》を持《も》つ美《うつく》しい彗星《すいせい》。76年《ねん》に一度《いちど》、地球《ちきゅう》に近《ちか》づくハレー彗星《すいせい》が有名《ゆうめい》ですね。この彗星《すいせい》の正体《しょうたい》、実《じつ》は「核《かく》」と呼《よ》ばれるチリがいっぱい入《はい》ったシャーベットのような氷《こおり》のかたまり、つまり「汚《よご》れた雪《ゆき》だるま」なのです。

この核《かく》が太陽《たいよう》に近《ちか》づくとその熱《ねつ》でチリやガスがふき出《だ》して、「コマ」と呼《よ》ばれるボール状《じょう》のガスが発生《はっせい》します。さらに、おもに太陽《たいよう》の反対側《はんたいがわ》に、長《なが》く美《うつく》しい2種類《しゅるい》の尾《お》を作《つく》り出《だ》します。この彗星《すいせい》から出《で》ているガスは、硫化水素《りゅうかすいそ》やアンモニアを含《ふく》んでいるので、ネコのおしっこのようなにおいがするそうです。

見《み》つけると幸運《こううん》が訪《おとず》れるといわれる「流《なが》れ星《ぼし》」。これは彗星《すいせい》からこぼれ出《で》た「落《お》とし物《もの》」。なんのことはないただのチリだと聞《き》くと、ちょっとさみしいですね。

アツい！
先駆者《せんくしゃ》伝説《でんせつ》

人類初《じんるいはつ》の宇宙飛行《うちゅうひこう》をしたソ連《れん》の宇宙飛行士《うちゅうひこうし》

ガガーリンはソビエト連邦《れんぽう》（現在《げんざい》のロシア）に生《う》まれ
働《はたら》きながら勉強《べんきょう》をし
工場《こうじょう》
勉強《べんきょう》
中等工業専門学校《ちゅうとうこうぎょうせんもんがっこう》へ入学《にゅうがく》した
17歳《さい》
飛行機《ひこうき》の勉強《べんきょう》をするぞ！
専門学校《せんもんがっこう》では飛行機《ひこうき》の知識《ちしき》と
飛行技術《ひこうぎじゅつ》を身《み》につけ
飛行機《ひこうき》が好《す》きだ!!
もっと操縦《そうじゅう》したい！
航空士官学校《こうくうしかんがっこう》へ進学《しんがく》し
優秀《ゆうしゅう》な成績《せいせき》で卒業《そつぎょう》した
そのころ 宇宙《うちゅう》を目指《めざ》す
技術開発《ぎじゅつかいはつ》が勢《いきお》いを増《ま》していた
1957年《ねん》 世界初《せかいはつ》人工衛星《じんこうえいせい》 スプートニク1号《ごう》
スプートニク2号《ごう》
ライカ
宇宙《うちゅう》へ
犬《いぬ》が宇宙《うちゅう》へ行《い》ったぞ！
次《つぎ》は人間《にんげん》の番《ばん》だな
ええっ
23歳《さい》

ユーリ・
ガガーリン
(1934-1968年《ねん》)

ソ連《れん》（現在《げんざい》のロシア）の宇《う》宙飛行士《ちゅうひこうし》。専門学校《せんもんがっこう》で航《こう》空機《くうき》について学《まな》び、23歳《さい》で空軍《くうぐん》のパイロットになる。25歳《さい》のとき、宇《う》宙飛行士《ちゅうひこうし》の選抜試験《せんばつしけん》に合《ごう》格《かく》、20名《めい》の候補者《こうほしゃ》の1人《ひとり》となる。27歳《さい》だった1961年《ねん》、ボストーク1号《ごう》で地球《ちきゅう》を1周《しゅう》。人《じん》類初《るいはつ》の宇宙飛行《うちゅうひこう》を成功《せいこう》させた。翌年《よくねん》には親善大使《しんぜんたいし》として来日《らいにち》。68年《ねん》、飛《ひ》行機《こうき》の事故《じこ》に見舞《みま》われ、34歳《さい》の若《わか》さで生涯《しょうがい》を閉《と》じた。

ガガーリンは　1960年《ねん》
宇宙飛行士《うちゅうひこうし》として選抜《せんばつ》
他《ほか》の飛行士《ひこうし》たちとともに
身体《しんたい》の検査《けんさ》　精神《せいしん》のテスト
厳《きび》しい訓練《くんれん》を受《う》け……
君《きみ》に
決《き》まったよ
はいっ
1961年《ねん》4月《がつ》12日《にち》
ボストーク1号《ごう》発射《はっしゃ》
地球《ちきゅう》の大気圏外《たいきけんがい》を
約《やく》1時間《じかん》50分《ぷん》
かけて1周《しゅう》した！
パイェーハリ！
（さぁ　行《い》こう！）
あわや墜落《ついらく》のトラブルに
見舞《みま》われたが　無事《ぶじ》に帰還《きかん》
人類初《じんるいはつ》の宇宙飛行士《うちゅうひこうし》として
歴史《れきし》に名《な》を残《のこ》した

マンガ：逸架ぱずる、写真：朝日新聞社

明《あか》るく見《み》える星《ほし》ベスト5 その1

夜空《よぞら》できわだつ1等星《とうせい》は、全部《ぜんぶ》で21個《こ》。日本《にほん》で見《み》られるのは16個《こ》くらいです。一番明《いちばんあか》るいのは、どんな星《ほし》？

1位《い》 シリウス（おおいぬ座《ざ》）

冬《ふゆ》の空《そら》に青白《あおじろ》く輝《かがや》くシリウスの意味《いみ》はギリシャ語《ご》で「焼《や》き焦《こ》がすもの」。「ベテルギウス（オリオン座《ざ》）」「プロキオン（こいぬ座《ざ》）」とともに作《つく》る、冬《ふゆ》の大《だい》三角《さんかく》で知《し》られていますね。

2位《い》 カノープス（りゅうこつ座《ざ》）

見《み》られたあなたはラッキー！ なぜなら、本州《ほんしゅう》（東北《とうほく》より南《みなみ》）では地平線《ちへいせん》スレスレにある、レアスターだから。赤《あか》く見《み》えるので中国《ちゅうごく》では「寿星《じゅせい》」などと呼《よ》ばれ、見《み》ると寿命《じゅみょう》がのびるという言《い》い伝《つた》えがあるそうです。見たい人は冬がチャンス！

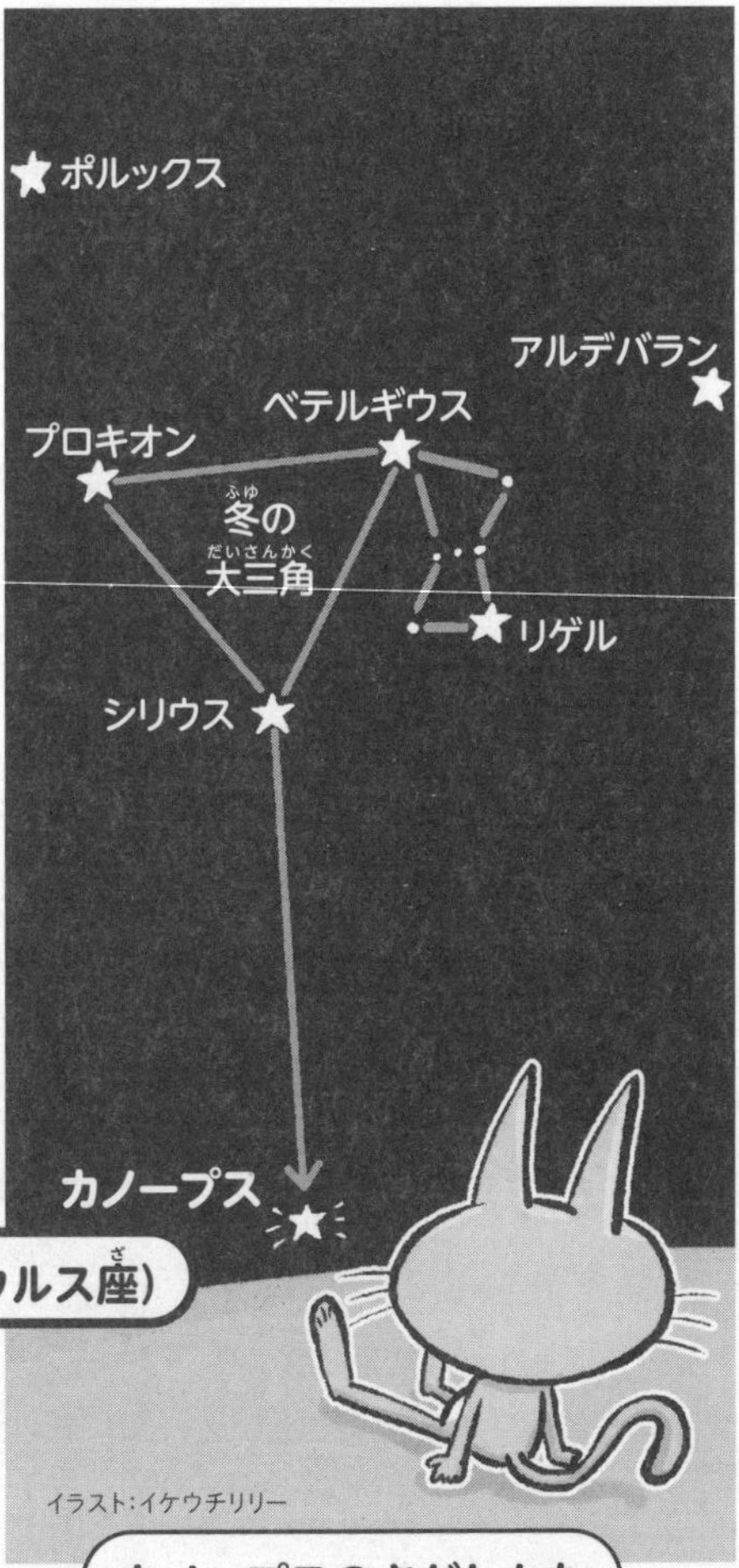
ポルックス
アルデバラン
ベテルギウス
プロキオン
冬《ふゆ》の
大三角《だいさんかく》
リゲル
シリウス
カノープス
イラスト：イケウチリリー

カノープスのさがしかた

3位《い》 リギル・ケンタウルス（ケンタウルス座《ざ》）

太陽系《たいようけい》に最《もっと》も近《ちか》いところにある、3つの恒星《こうせい》による連星《れんせい》（互《たが》いの重力《じゅうりょく》で引《ひ》かれあう星《ほし》）のひとつです。でも残念《ざんねん》。この星《ほし》は日本《にほん》では沖縄《おきなわ》でしか見《み》えません！

4章《しょう》

夜《よ》空《ぞら》に輝《かがや》く！
遠《とお》くの星《ほし》たち

星《せい》座《ざ》の星《ほし》たち ホントはてんでバラバラ

冬《ふゆ》の夜《よ》空《ぞら》に輝《かがや》くオリオン座《ざ》を見《み》たことがありますか？　星《せい》座《ざ》を作《つく》った人々《ひとびと》は、星《ほし》をつないでギリシャ神《しん》話《わ》の狩人《かりゅうど》「オリオン」を空《そら》に描《えが》きました。でも実《じっ》はこの星《ほし》たち、地《ち》球《きゅう》からの距《きょ》離《り》がてんでバラバラなのです。

ベラトリクス
約《やく》250光年《こうねん》
6等星《とうせい》
100コ
=
1等星《とうせい》
1コ
地球《ちきゅう》から見《み》ると、
1等星《とうせい》は
6等星《とうせい》 100個分《こぶん》の
明《あか》るさ！

イラスト:イケウチリリー

「光年《こうねん》」のおさらい!

「光年《こうねん》」は時間《じかん》じゃなくて距離《きょり》

光《ひかり》は1秒《びょう》で地球《ちきゅう》を7周半《しゅうはん》できるほど速《はや》いよ。1光《こう》年《ねん》は、光《ひかり》が1年間《ねんかん》に進《すす》む距離《きょり》のことだから、500光年《こうねん》なら、光《ひかり》の速《はや》さで行《い》っても500年《ねん》かかる距離《きょり》なんだ。

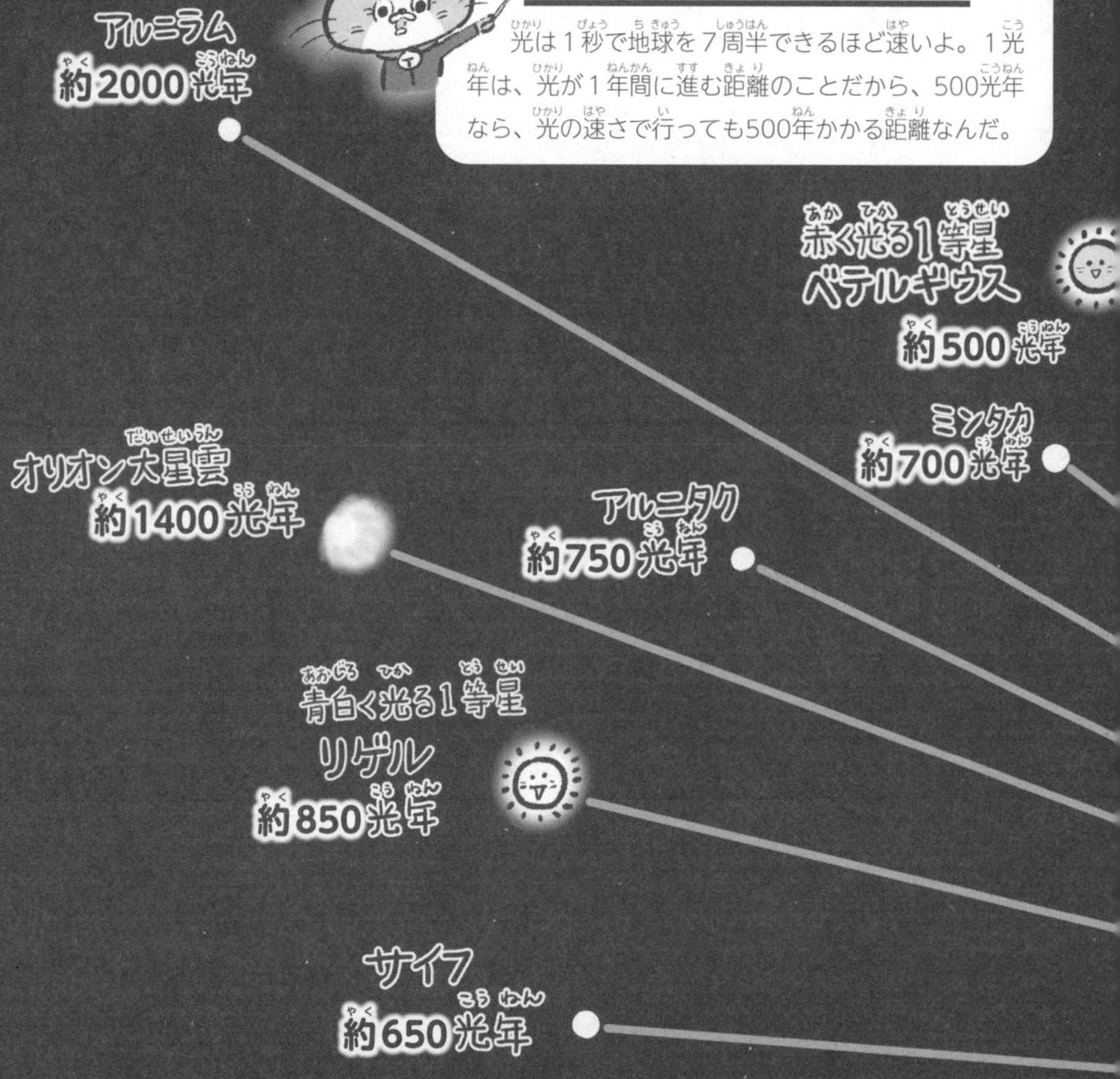
アルニラム
約《やく》2000光年《こうねん》
赤《あか》く光《ひか》る1等星《とうせい》
ベテルギウス
約《やく》500光年《こうねん》
ミンタカ
約《やく》700光年《こうねん》
オリオン大星雲《だいせいうん》
約《やく》1400光年《こうねん》
アルニタク
約《やく》750光年《こうねん》
青白《あおじろ》く光《ひか》る1等星《とうせい》
リゲル
約《やく》850光年《こうねん》
サイフ
約《やく》650光年《こうねん》

いろいろな天体《てんたい》から地球《ちきゅう》に光《ひかり》が届《とど》くまで

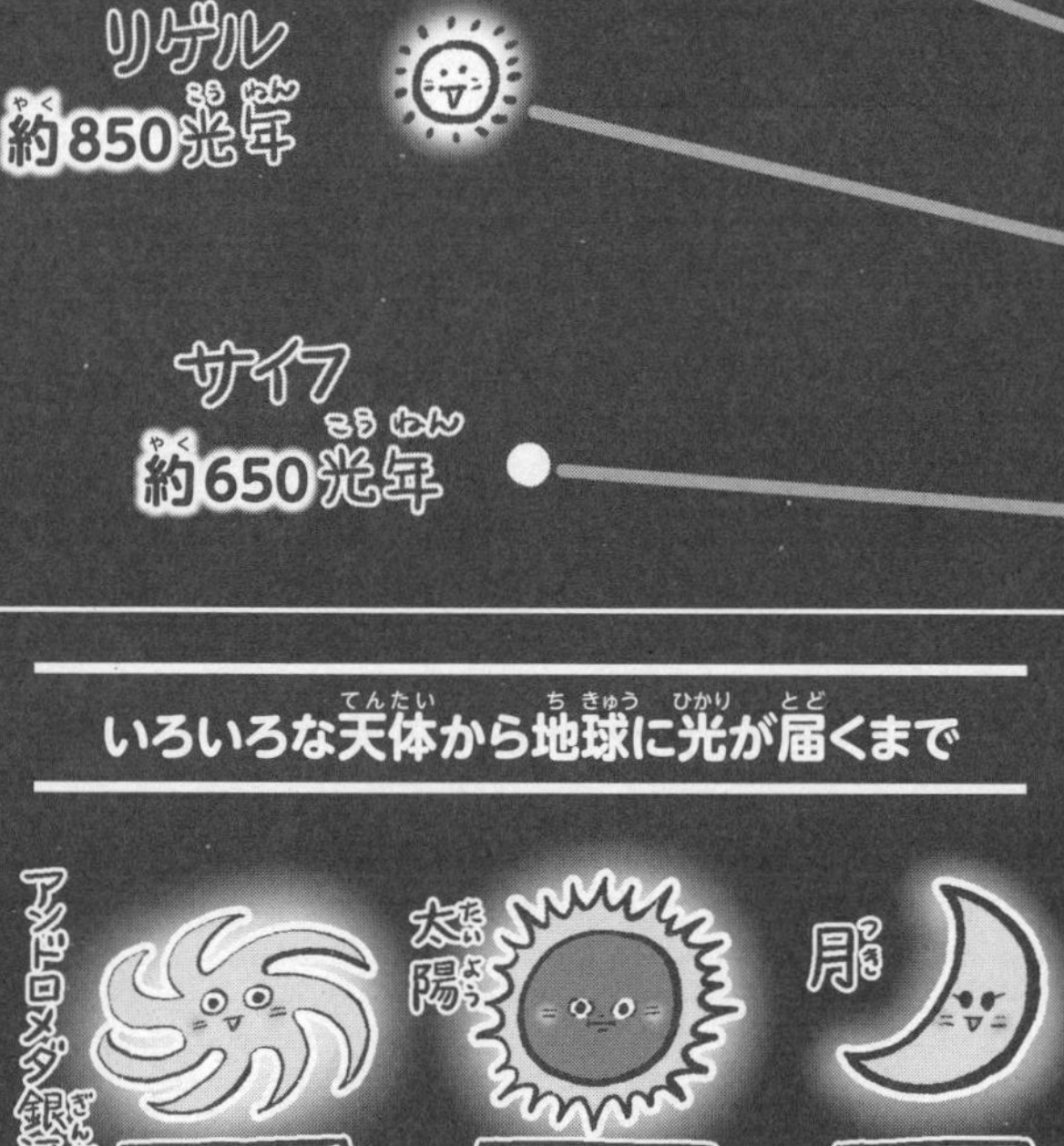
アンドロメダ銀河《ぎんが》
250万年《まんねん》
太陽《たいよう》
8分《ぷん》19秒《びょう》
月《つき》
1.3秒《びょう》

ひこぼしさまへ…
スタート
織姫《おりひめ》 15 歳《さい》
光《ひかり》の速《はや》さで届《とど》けるよ!
いそげ〜!!
お手紙《てがみ》こない…
彦星《ひこぼし》 15 歳《さい》
15年後《ねんご》
お返事《へんじ》しなくちゃ!
彦星《ひこぼし》 30 歳《さい》

織姫《おりひめ》から彦星《ひこぼし》への手紙《てがみ》はなかなか届《とど》かない

1年《ねん》に1日《にち》、七夕《たなばた》の夜《よる》にしか会《あ》えない織姫《おりひめ》と彦星《ひこぼし》。実《じつ》はこの2つの星《ほし》、光《ひかり》の速《はや》さで約《やく》15年《ねん》も離《はな》れたところにあります。

もし織姫《おりひめ》が心《こころ》を込《こ》めて書《か》いた手紙《てがみ》を、光《ひかり》の速《はや》さで届《とど》ける郵《ゆう》便屋《びんや》さんがいても、

イラスト:西原宏史

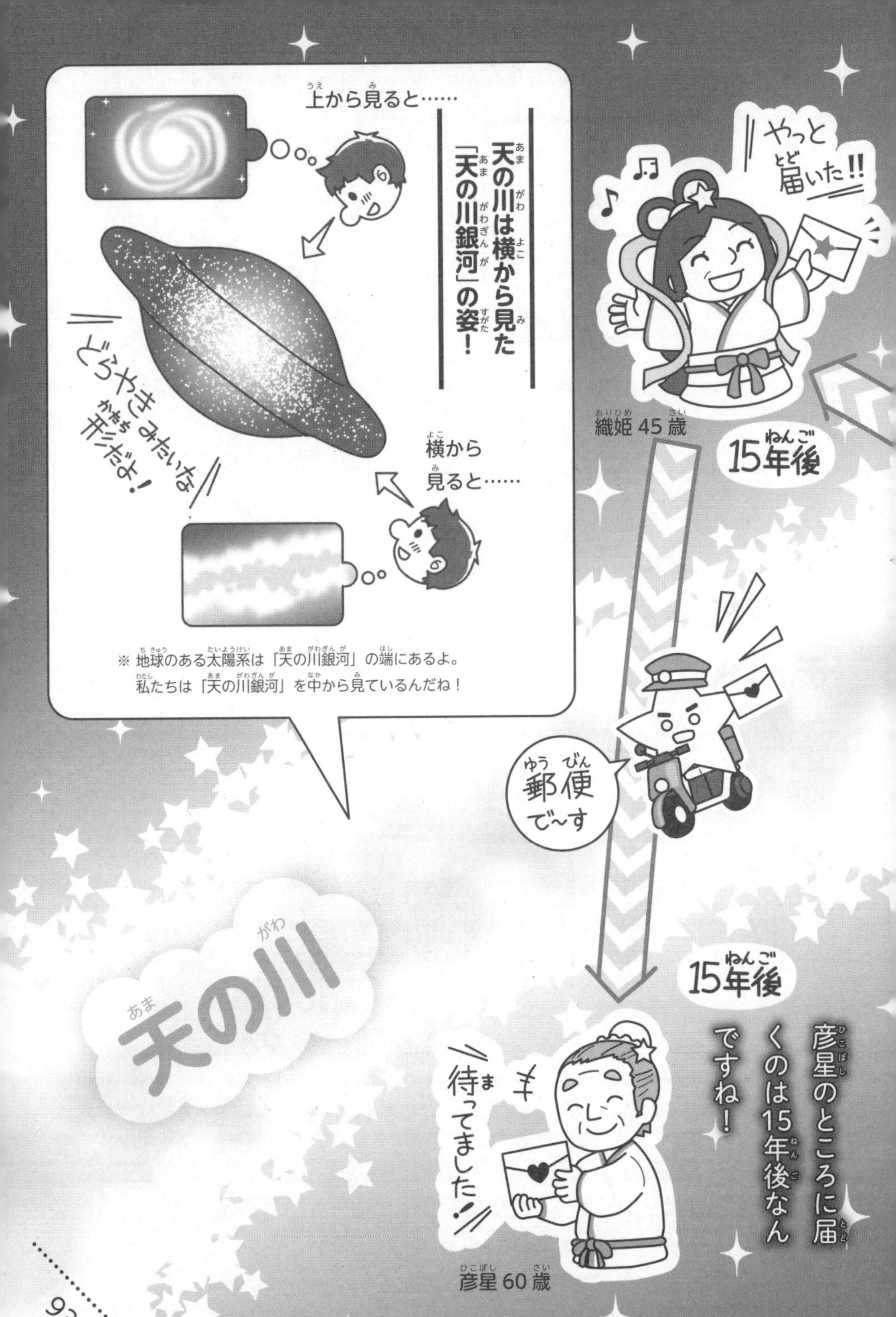
上《うえ》から見《み》ると……
天《あま》の川《がわ》は横《よこ》から見《み》た
「天《あま》の川銀河《がわぎんが》」の姿《すがた》！
どらやきみたいな
形《かたち》だよ！
横《よこ》から
見《み》ると……
※ 地球《ちきゅう》のある太陽系《たいようけい》は「天《あま》の川銀河《がわぎんが》」の端《はし》にあるよ。
私《わたし》たちは「天《あま》の川銀河《がわぎんが》」を中《なか》から見《み》ているんだね！
やっと届《とど》いた!!
織姫《おりひめ》 45 歳《さい》
15年後《ねんご》
郵便《ゆうびん》で～す
15年後《ねんご》
彦星《ひこぼし》のところに届《とど》くのは15年後《ねんご》なんですね！
待《ま》ってました！
彦星《ひこぼし》 60 歳《さい》
天《あま》の川《がわ》

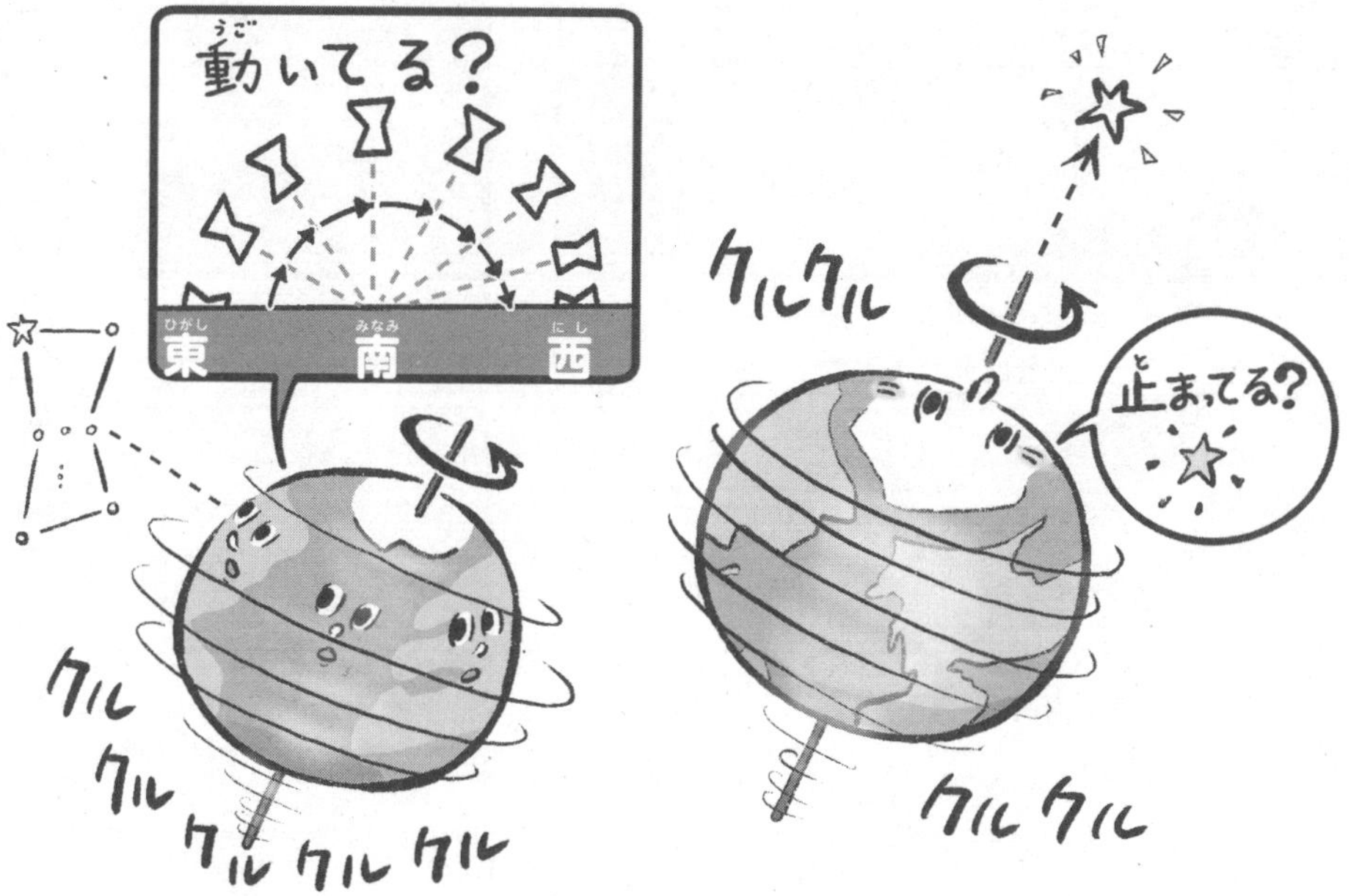
動《うご》いてる？
東《ひがし》
南《みなみ》
西《にし》
クルクル
止《と》まってる？
クルクル
クル
クル
クル クル クル
クルクル

1万《まん》2000年《ねん》後《ご》 織《おり》姫《ひめ》星《ぼし》が「北《ほっ》極《きょく》星《せい》」になる

「北極星《ほっきょくせい》」はいつも真北《まきた》の同《おな》じ位置《いち》にあって、ほとんど動《うご》かない星《ほし》です。昔《むかし》は船《ふね》の上《うえ》などで方向《ほうこう》を知《し》る目印《めじるし》に使《つか》われていました。

回転《かいてん》するイスに座《すわ》る人《ひと》が、真上《まうえ》の天井《てんじょう》に張《は》り付《つ》いているボールを見《み》ると、止《と》まって見《み》えますね。同《おな》じように、「北極星《ほっきょくせい》」は地球《ちきゅう》の自《じ》転軸《てんじく》をのばした先《さき》にあるので、いつも真北《まきた》で止《と》まって見《み》えるのです。

現在《げんざい》の「北極星《ほっきょくせい》」はこぐま座《ざ》のポラリスと

イラスト：イケウチリリー

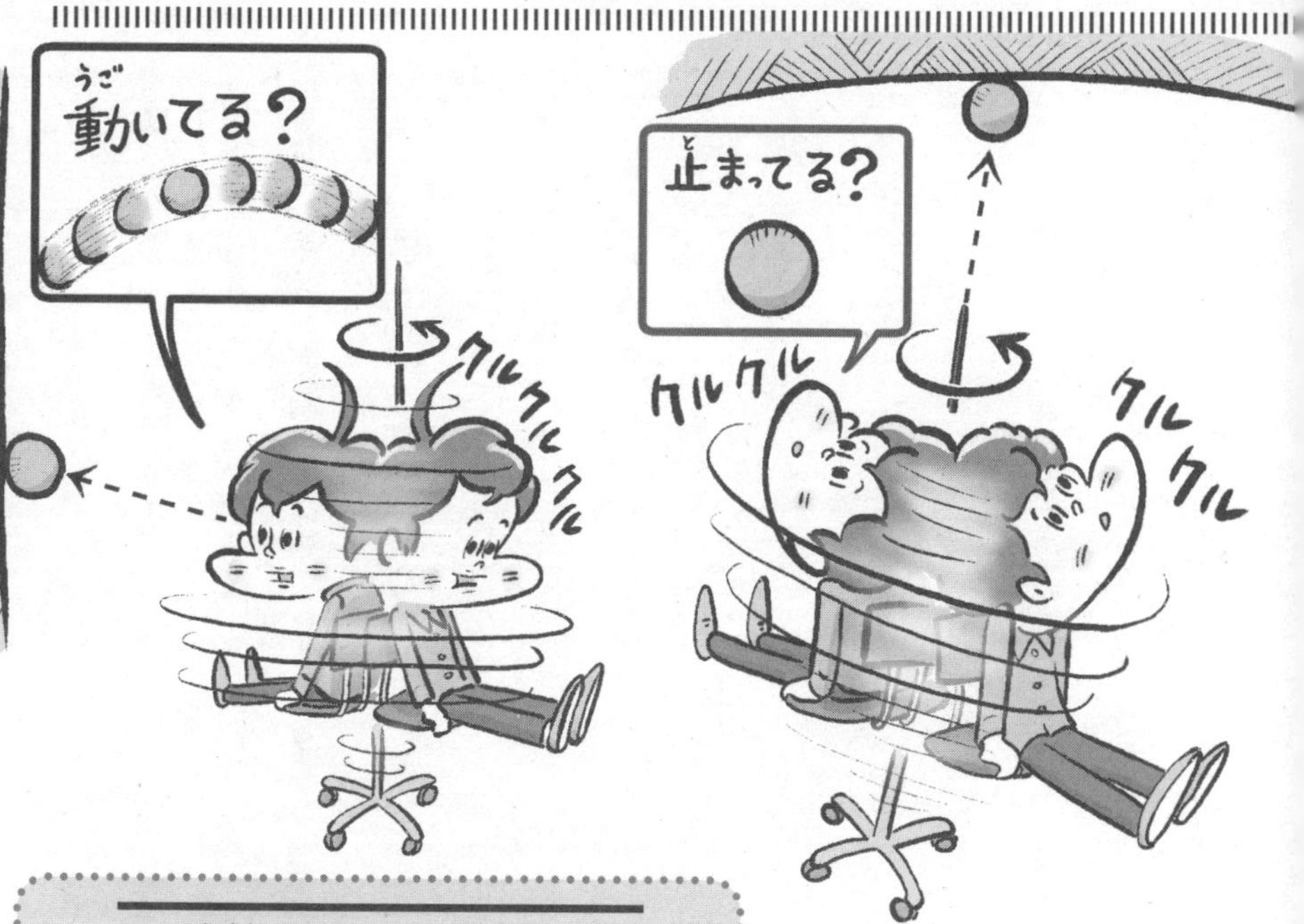
動《うご》いてる？
クルクル
クルクル
止《と》まってる？
クルクル
クルクル
クルクル

いう星《ほし》ですが、「北極星《ほっきょくせい》」は、長《なが》い時間《じかん》をかけて、いろいろな星《ほし》に入《い》れ替《か》わっています。

1万《まん》2000年後《ねんご》には、織姫星《おりひめぼし》で知《し》られること座《ざ》のベガという星《ほし》が、「北極星《ほっきょくせい》」となって1年中《ねんじゅう》、真北《まきた》で輝《かがや》くようになります。

真北《まきた》の星《ほし》が入《い》れ替《か》わる!

現在《げんざい》の北極星《ほっきょくせい》
（こぐま座《ざ》のポラリス）
1万《まん》2000年後《ねんご》の北極星《ほっきょくせい》
（こと座《ざ》のベガ）
北《きた》
北《きた》
南《みなみ》
南《みなみ》
フラフラ
フラフラ

地球《ちきゅう》の自転軸《じてんじく》は、長《なが》い時間《じかん》をかけて、フラついて首《くび》を振《ふ》るコマのような動《うご》きをしているよ。だから、真北《まきた》にある星《ほし》がだんだん入《い》れ替《か》わるんだ。この首振《くびふ》りは「歳差運動《さいさうんどう》」と呼《よ》ばれていて、1周《しゅう》するのに2万《まん》6000年《ねん》かかるよ。

誕生日《たんじょうび》の夜空《よぞら》に自分《じぶん》の星座《せいざ》は見《み》えない

あなたの誕生日《たんじょうび》はいつですか？　生《う》まれた日《ひ》によって、誕生星座《たんじょうせいざ》が決《き》まっていますね。でもその星座《せいざ》、誕生日《たんじょうび》の夜空《よぞら》には見《み》えません！　どこにいったのでしょう？

答《こた》えは、誕生日《たんじょうび》の昼《ひる》の空《そら》です！　昼《ひる》には星《ほし》がないと感《かん》じますが、太陽《たいよう》が明《あか》るくて、星《ほし》の光《ひかり》が目《め》に見《み》えないだけ。太陽《たいよう》の方向《ほうこう》にも、実《じつ》は多《おお》くの星《ほし》や星座《せいざ》が輝《かがや》いています。

地球《ちきゅう》は1年《ねん》かけて太陽《たいよう》の周《まわ》りを回《まわ》っていますね（公転《こうてん》）。そのため、夜空《よぞら》に見《み》える星座《せいざ》も、毎月少《まいつきすこ》しずつ変《か》わっていきます。同《おな》じように昼《ひる》、太陽《たいよう》の方向《ほうこう》にある星座《せいざ》も毎月《まいつき》変《か》わります。

すると、地球《ちきゅう》から観測《かんそく》したとき、太陽《たいよう》が1年《ねん》かけて星座《せいざ》の中《なか》を横切《よこぎ》り、移動《いどう》していくように感《かん》じます。その通《とお》り道《みち》（黄道《こうどう》）にあるおもな星座《せいざ》が、誕生星座《たんじょうせいざ》なのです。

夜空《よぞら》であなたの星座《せいざ》を見《み》るなら、誕生日《たんじょうび》の3～4カ月前《げつまえ》の日暮《ひぐ》れから数時間《すうじかん》のうちに探《さが》してみてくださいね。

イラスト：リーカオ

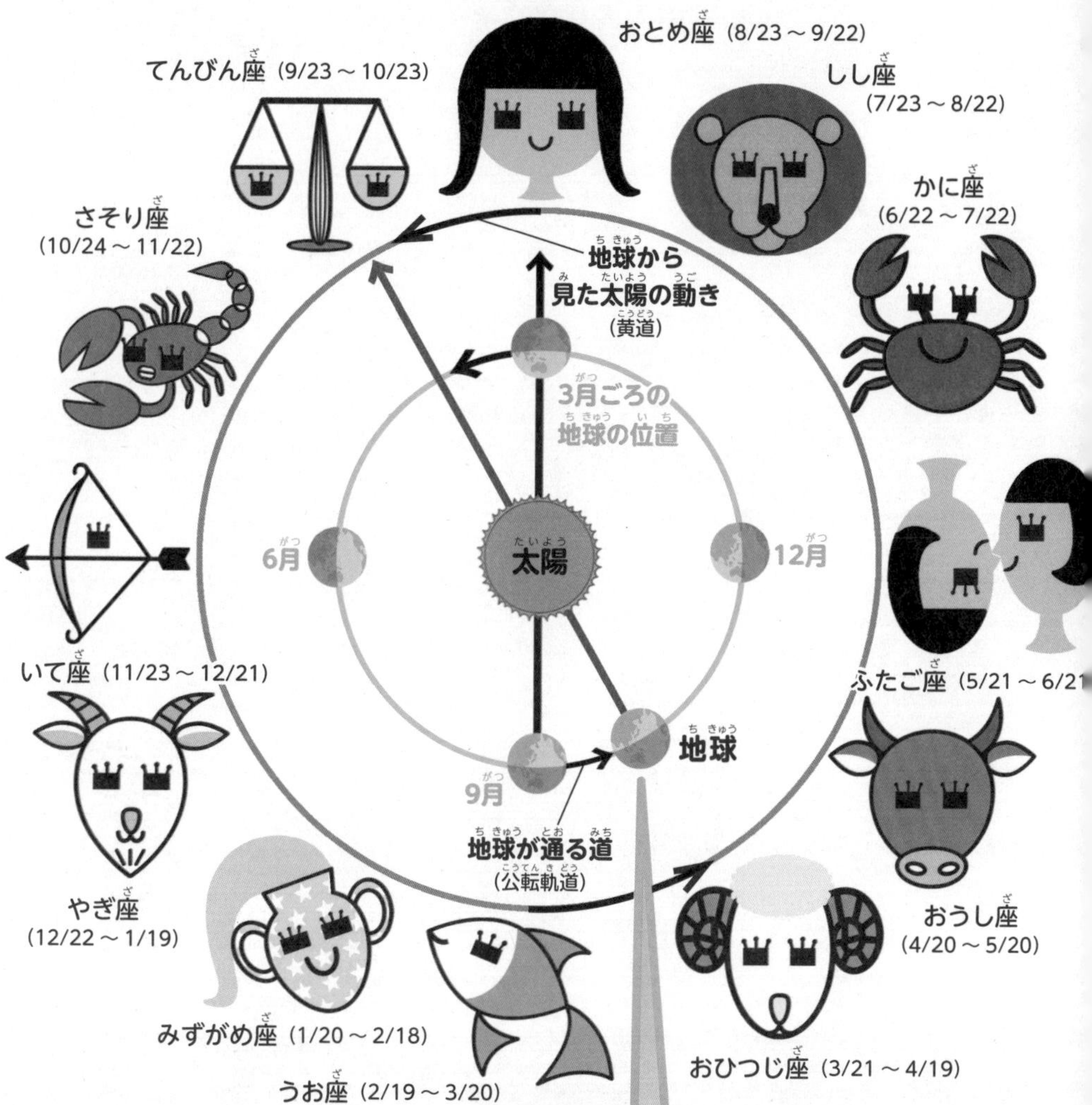

おとめ座《ざ》（8/23 ～ 9/22）
てんびん座《ざ》（9/23 ～ 10/23）
しし座《ざ》
（7/23 ～ 8/22）
かに座《ざ》
（6/22 ～ 7/22）
さそり座《ざ》
（10/24 ～ 11/22）
地球《ちきゅう》から
見《み》た太陽《たいよう》の動《うご》き
（黄道《こうどう》）
3月《がつ》ごろの
地球《ちきゅう》の位置《いち》
6月《がつ》
太陽《たいよう》
12月《がつ》
いて座《ざ》（11/23 ～ 12/21）
ふたご座《ざ》（5/21 ～ 6/21
地球《ちきゅう》
9月《がつ》
地球《ちきゅう》が通《とお》る道《みち》
（公転軌道《こうてんきどう》）
やぎ座《ざ》
（12/22 ～ 1/19）
おうし座《ざ》
（4/20 ～ 5/20）
みずがめ座《ざ》（1/20 ～ 2/18）
おひつじ座《ざ》（3/21 ～ 4/19）
うお座《ざ》（2/19 ～ 3/20）

地球《ちきゅう》から観測《かんそく》すると、太陽《たいよう》が通《とお》っていくように見《み》える空《そら》の道《みち》を「黄道《こうどう》」というよ。誕生星座《たんじょうせいざ》は、誕《たん》生日《じょうび》のころに太陽《たいよう》の方向《ほうこう》にある星座《せいざ》で、「黄道《こうどう》12星座《せいざ》」と呼《よ》ばれているんだ。ただし、星座《せいざ》が作《つく》られたのは数千年前《すうせんねんまえ》のこと。歳差《さいさ》運動《うんどう》（→95ページ）によって、今《いま》はちょっとずれているよ。

今日《きょう》は誕生日《たんじょうび》！
てんびん座《ざ》を見《み》たいけど、
太陽《たいよう》と同《おな》じ方向《ほうこう》にあるから
見《み》えないな……
誕生星座《たんじょうせいざ》が
てんびん座《ざ》の時期《じき》
（9/23 ～ 10/23）

チャールズのかしのき座《ざ》

イギリスの天文学者《てんもんがくしゃ》エドモンド・ハレーが、当時《とうじ》の国王《こくおう》チャールズ2世《せい》をたたえて作《つく》ったけど、ずっと昔《むかし》からあるアルゴ座《ざ》の一部《いちぶ》と重《かさ》なっていて、定着《ていちゃく》しなかった。ちなみにハレーは、「ハレー彗星《すいせい》」の予言《よげん》や、左下《ひだりした》コラムの「固有運動《こゆううんどう》」の発見《はっけん》などをしたよ。

ねこ座《ざ》

フランスの猫好《ねこず》き天文学者《てんもんがくしゃ》ジェローム・ラランドが、飼《か》い猫《ねこ》を記念《きねん》して作《つく》ったけど、今《いま》は使《つか》われていない。

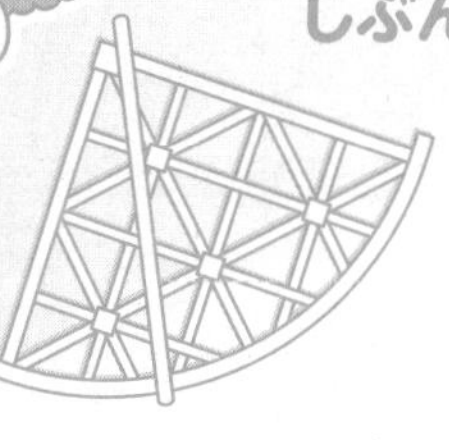

しぶんぎ座《ざ》

天体《てんたい》の高度《こうど》を測《はか》る道具《どうぐ》の名前《なまえ》。88星座《せいざ》には選《えら》ばれなかったけど、年末年始《ねんまつねんし》に現《あらわ》れるしぶんぎ座《ざ》流星《りゅうせい》群《ぐん》に名前《なまえ》を残《のこ》しているよ。

星座《せいざ》は作《つく》られすぎて大混乱《だいこんらん》した

星座《せいざ》の始《はじ》まりは約《やく》5000年前《ねんまえ》。メソポタミア地方《ちほう》（現在《げんざい》のイラクあたり）の人《ひと》たちが考《かんが》えたとされています。彼《かれ》らは夜空《よぞら》の星《ほし》を結《むす》び、動物《どうぶつ》や道具《どうぐ》、神様《かみさま》などの姿《すがた》を想像《そうぞう》しました。星座《せいざ》はやがてギリシャに伝《つた》わり、1900年《ねん》ほど前《まえ》に、天文学者《てんもんがくしゃ》のプトレマイオスが48個《こ》にまとめました。

17世紀《せいき》ごろからは、望遠鏡《ぼうえんきょう》の発明《はつめい》によって、それまで見《み》えなかった暗《くら》い星《ほし》が観測《かんそく》できるようになりました。当時《とうじ》は「大航海時代《だいこうかいじだい》」。ヨーロッパの人々《ひとびと》が、南半球《みなみはんきゅう》の夜空《よぞら》を初《はじ》めて目《め》にするようになり、航海者《こうかいしゃ》や天文学者《てんもんがくしゃ》の間《あいだ》で新《あら》たな星座《せいざ》作《づく》

やったー!!
オリオン座《ざ》
採用《さいよう》
ほ座《ざ》
とも座《ざ》
りゅうこつ座《ざ》
バラバラになっちゃった…
国際天文学連合《こくさいてんもんがくれんごう》
きみはあっち

アルゴ座《ざ》

神話《しんわ》に登場《とうじょう》するアルゴ船《せん》の星座《せいざ》。プトレマイオスが定《さだ》めた48星座《せいざ》で唯一《ゆいいつ》、現在《げんざい》の88星座《せいざ》に選《えら》ばれなかったよ。理由《りゆう》は大《おお》きすぎたから。船尾《せんび》の「とも座《ざ》」、船底《ふなぞこ》の「りゅうこつ座《ざ》」、船《ふね》のマストの「ほ座《ざ》」に分《わ》けられたうえで、88星座《せいざ》に組《く》み込《こ》まれたんだ。「らしんばん座《ざ》」も含《ふく》め4つに分《わ》けた、とすることもあるよ。

プトレマイオスの48星座《せいざ》

2世紀《せいき》に書《か》かれた本《ほん》『アルマゲスト』にまとめられた星座《せいざ》。アルゴ座《ざ》を除《のぞ》くすべてが88星座《せいざ》に採用《さいよう》されたよ。

りがブームになりました。

しかし、次々《つぎつぎ》に新《あたら》しい星座《せいざ》が作《つく》られて混乱《こんらん》したため、1928年《ねん》に国際天文学《こくさいてんもんがく》連合《れんごう》がそれらを整理《せいり》し、現在《げんざい》の88個《こ》に定《さだ》めました。

星座《せいざ》の形《かたち》はいずれ変《か》わる!

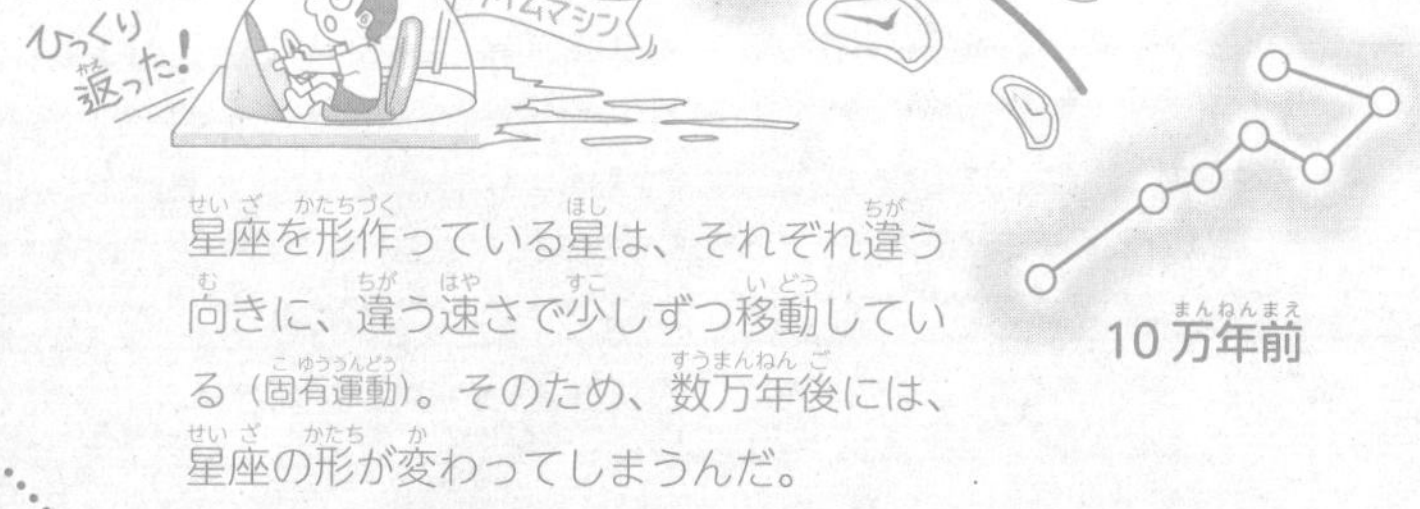
10万年後《まんねんご》
現在《げんざい》の北斗七星《ほくとしちせい》
10万年前《まんねんまえ》
ひしゃくがひっくり返《かえ》った!
タイムマシン

星座《せいざ》を形作《かたちづく》っている星《ほし》は、それぞれ違《ちが》う向《む》きに、違《ちが》う速《はや》さで少《すこ》しずつ移動《いどう》している(固有運動《こゆううんどう》)。そのため、数万年後《すうまんねんご》には、星座《せいざ》の形《かたち》が変《か》わってしまうんだ。

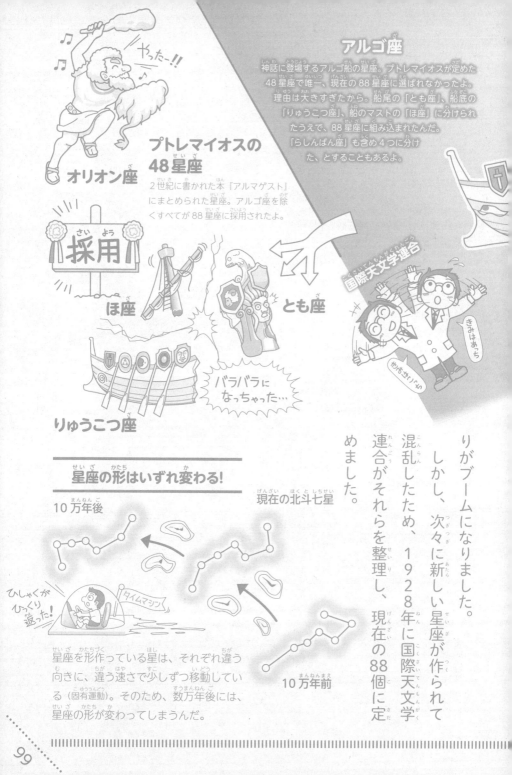

赤《あか》い星《ほし》より青《あお》い星《ほし》のほうが熱《あつ》い

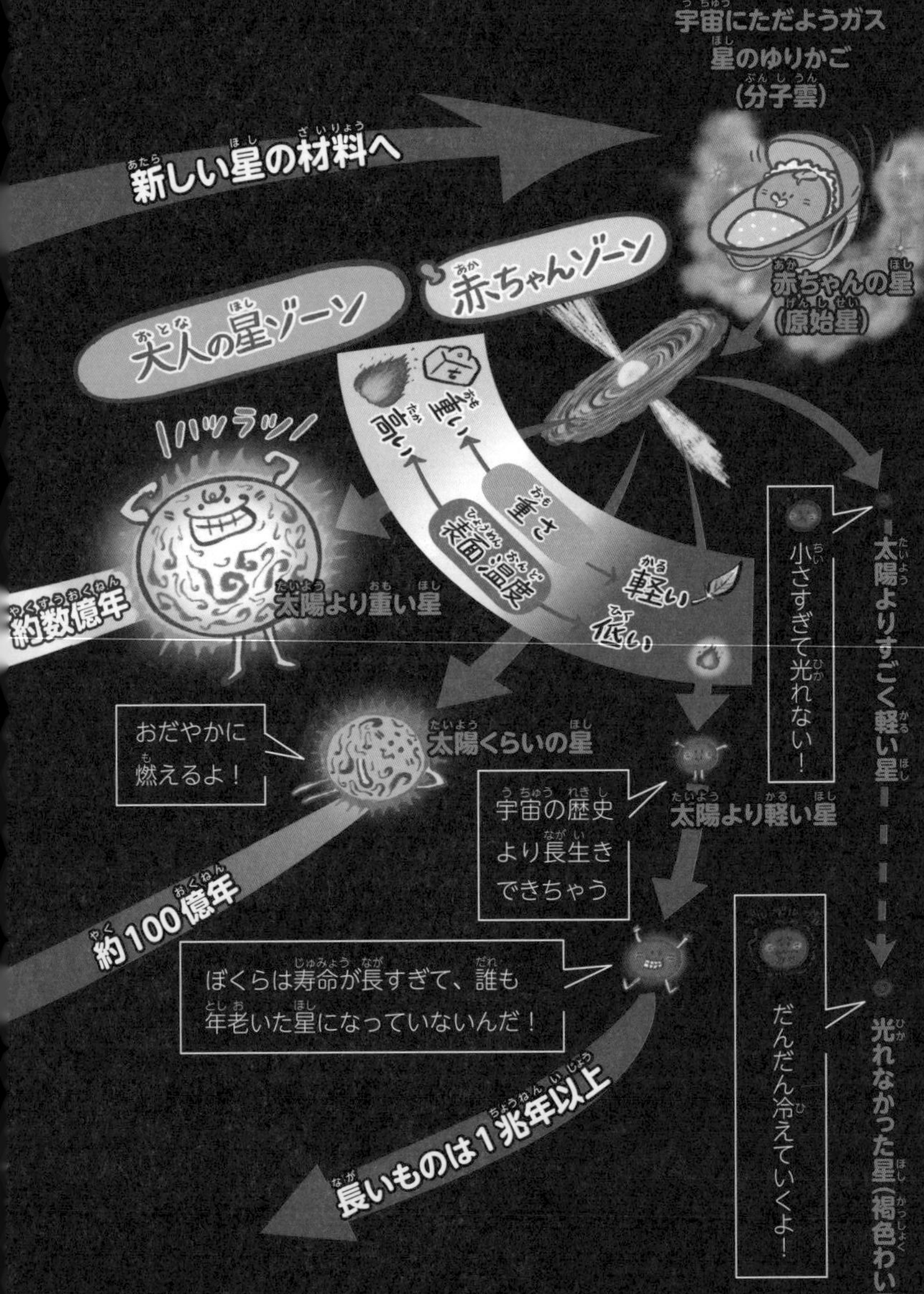
宇宙《うちゅう》にただようガス
星《ほし》のゆりかご
（分子雲《ぶんしうん》）
新《あたら》しい星《ほし》の材料《ざいりょう》へ
赤《あか》ちゃんゾーン
大人《おとな》の星《ほし》ゾーン
赤《あか》ちゃんの星《ほし》
（原始星《げんしせい》）
重《おも》い
高《たか》い
重《おも》さ
表面《ひょうめん》温度《おんど》
軽《かる》い
低《ひく》い
！ハツラツ！
約数億年《やくすうおくねん》
太陽《たいよう》より重《おも》い星《ほし》
小《ちい》さすぎて光《ひか》れない！
太陽《たいよう》よりすごく軽《かる》い星《ほし》
おだやかに燃《も》えるよ！
太陽《たいよう》くらいの星《ほし》
宇宙《うちゅう》の歴史《れきし》より長生《ながい》きできちゃう
太陽《たいよう》より軽《かる》い星《ほし》
約《やく》100億年《おくねん》
ぼくらは寿命《じゅみょう》が長《なが》すぎて、誰《だれ》も年老《としお》いた星《ほし》になっていないんだ！
だんだん冷《ひ》えていくよ！
光《ひか》れなかった星《ほし》（褐色《かっしょく》わい星《せい》）
長《なが》いものは1兆年以上《ちょうねんいじょう》

イラスト：イケウチリリー

夜空《よぞら》の星《ほし》をよく見《み》ると、それぞれ色《いろ》が違《ちが》います。オリオン座《ざ》なら、右下《みぎした》のリゲルは青白《あおじろ》く、左上《ひだりうえ》のベテルギウスは赤《あか》く見《み》えます。

星《ほし》は、表面温度《ひょうめんおんど》が高《たか》いほど青《あお》く、低《ひく》いほど赤《あか》く光《ひか》ります。温度《おんど》は星《ほし》の重《おも》さで決《き》まり、重《おも》いほど高温《こうおん》です。リゲルは重《おも》い星《ほし》なので、表面《ひょうめん》温度《おんど》も高《たか》く、青白《あおじろ》く光《ひか》っています。

多《おお》くの星《ほし》は、どんな体重《たいじゅう》で生《う》まれたかにかかわらず、年《とし》をとると活動《かつどう》が弱《よわ》まり、温度《おんど》が下《さ》がってふくらみ、赤《あか》く大《おお》きくなります。ベテルギウスは、そのような年老《としお》いた星《ほし》なのです。

超新星爆発《ちょうしんせいばくはつ》で飛《と》び散《ち》った残《ざん》がいなど
ブラックホール
なんでも吸《す》い込《こ》む地面《じめん》のない天体《てんたい》！
年老《とし お》いた星《ほし》ゾーン
すごく重《おも》い星《ほし》
超新星爆発《ちょうしんせいばくはつ》
なんでも引《ひ》き寄《よ》せるけど地面《じめん》はあるよ！
中性子星《ちゅうせいしせい》
重《おも》い星《ほし》
激《はげ》しく燃《も》えて、すぐに年《とし》をとっちゃう
よぼよぼ
ムクムクムク
惑星状星雲《わくせいじょうせいうん》
ぼくもだんだん冷《ひ》えていくんだ
しーん
冷《ひ》えた小《ちい》さい星《ほし》
(白色《はくしょく》わい星《せい》)
年老《としお》いた星《ほし》(赤色巨星《せきしょくきょせい》)
体《からだ》がふくらんで赤《あか》くなってきた！
星《ほし》がゆっくりバラバラになるよ

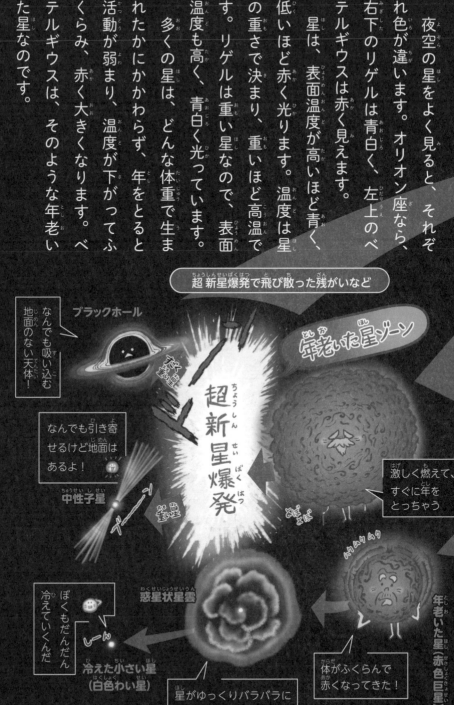

宇宙《うちゅう》には太陽《たいよう》より大《おお》きい星《ほし》がたくさん！

さそり座《ざ》 アンタレス
700倍《ばい》
さそり座《ざ》の心臓《しんぞう》の位置《いち》にある星《ほし》じゃよ!
はくちょう座《ざ》
V1489星《せい》 1650倍《ばい》

太陽《たいよう》は、直径《ちょっけい》が地球《ちきゅう》の109倍《ばい》もある巨大《きょだい》な星《ほし》。太陽系《たいようけい》にあるすべてのものの重《おも》さのうち、太陽《たいよう》はなんと99・8%以上《いじょう》を占《し》めています。でも宇宙《うちゅう》には、太陽《たいよう》より大《おお》きな星《ほし》がたくさんあります。たとえば、わし座《ざ》のアルタイル(彦星《ひこぼし》)は直径《ちょっけい》が太陽《たいよう》の1・7倍《ばい》、こと座《ざ》のベガ(織姫《おりひめ》)は3倍《ばい》です。

おどろくのはこれからです。夏《なつ》の南《みなみ》の空《そら》に赤《あか》く輝《かがや》くさそり座《ざ》の1等星《とうせい》アンタレスは700倍《ばい》。はくちょう座《ざ》のV《ブイ》1489星《せい》は、なんと太陽《たいよう》の1650倍《ばい》!広《ひろ》い宇宙《うちゅう》には、まだ見《み》つかっていないもっとずっと大《おお》きな星《ほし》があるかもしれませんね。

1000年《ねん》前《まえ》、空《そら》に突然《とつぜん》、ものすごく明《あか》るい光《ひかり》が現《あらわ》れた！

今《いま》から約《やく》1000年前《ねんまえ》、平安時代《へいあんじだい》のある日《ひ》、おうし座《ざ》の方向《ほうこう》に突然《とつぜん》、ギラギラと明《あか》るい光《ひかり》が現《あらわ》れました。それは1等星《とうせい》シリウスの100倍《ばい》以上《いじょう》も明《あか》るく、20日《はつか》以上《いじょう》にわたって輝《かがや》き続《つづ》けたそうです。

このまばゆい輝《かがや》きの正体《しょうたい》は、重《おも》たい星《ほし》が一生《いっしょう》の最後《さいご》に起《お》こす「超新星爆発《ちょうしんせいばくはつ》」でした。

人《ひと》の目《め》で見《み》えるほど明《あか》るい超新星爆発《ちょうしんせいばくはつ》は、過去《かこ》2000年《ねん》のあいだに8回《かい》ほどありました。有名《ゆうめい》な星《ほし》では、オリオン座《ざ》のベテルギウスが、そろそろ超新星爆発《ちょうしんせいばくはつ》を起《お》こすかもしれないといわれています。

ピカ
あれはなんだ?!
こんなことがあったらしいよ。
藤原《ふじわらの》
定家《さだいえ》

1054年《ねん》の超新星爆発《ちょうしんせいばくはつ》

平安末期《へいあんまっき》から鎌倉初期《かまくらしょき》の歌人《かじん》・藤原定家《ふじわらのさだいえ》の日記《にっき》『明月記《めいげつき》』に記録《きろく》が残《のこ》っているよ。定家《さだいえ》はその時代《じだい》に生《う》まれていないので、陰陽師《おんみょうじ》に聞《き》いた話《はなし》をまとめたんだとか。

イラスト：イケウチリリー

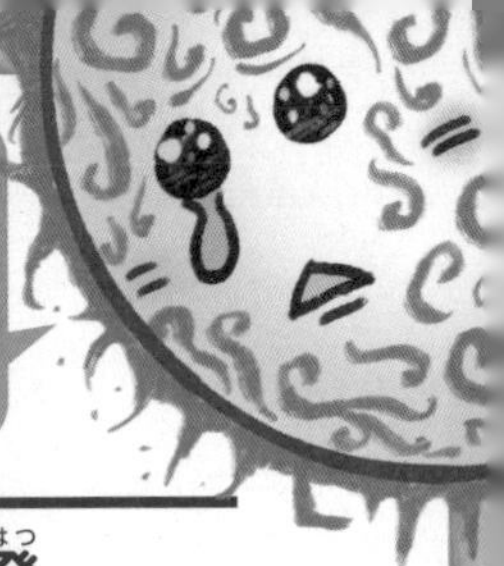

グスン……。
これらの星雲《せいうん》の写真《しゃしん》は
すべて、星《ほし》が死《し》んだ
あとの姿《すがた》なんだ。

超新星爆発《ちょうしんせいばくはつ》

重《おも》さが太陽《たいよう》の8倍以上《ばいいじょう》ある星《ほし》が寿命《じゅみょう》をむかえると、星全体《ほしぜんたい》を吹《ふ》き飛《と》ばす大爆発《だいばくはつ》を起《お》こすんだ。爆発《ばくはつ》のあとには、星《ほし》の残《ざん》がいが残《のこ》るよ。吹《ふ》き飛《と》ばされた星《ほし》のかけらは、また新《あたら》しい星《ほし》の材料《ざいりょう》になるんだ。

かに星雲《せいうん》（おうし座《ざ》の方向《ほうこう》）

6500光年先《こうねんさき》にあるとされる「かに星雲《せいうん》」。右《みぎ》ページにある1054年《ねん》の超新星爆発《ちょうしんせいばくはつ》の残《ざん》がいが、周囲《しゅうい》の宇宙《うちゅう》に広《ひろ》がったものだよ。カニに似《に》ているため、この名《な》が付《つ》いたとか。

惑星状星雲《わくせいじょうせいうん》

太陽《たいよう》と同《おな》じくらいの重《おも》さを持《も》つ星《ほし》が寿命《じゅみょう》に近《ちか》づくと、大《おお》きくふくらんで赤色巨星《せきしょくきょせい》になるよ。その後《ご》、表面《ひょうめん》からガスが静《しず》かに流《なが》れ出《だ》して、中心《ちゅうしん》に白色《はくしょく》わい星《せい》が残《のこ》るんだ。このガスが輝《かがや》いて見《み》えるのが、惑星状星雲《わくせいじょうせいうん》。望遠鏡《ぼうえんきょう》で見《み》ると惑星《わくせい》みたいに見《み》えるからこの名前《なまえ》が付《つ》いたけど、惑星《わくせい》とは全然違《ぜんぜんちが》う天体《てんたい》だよ。

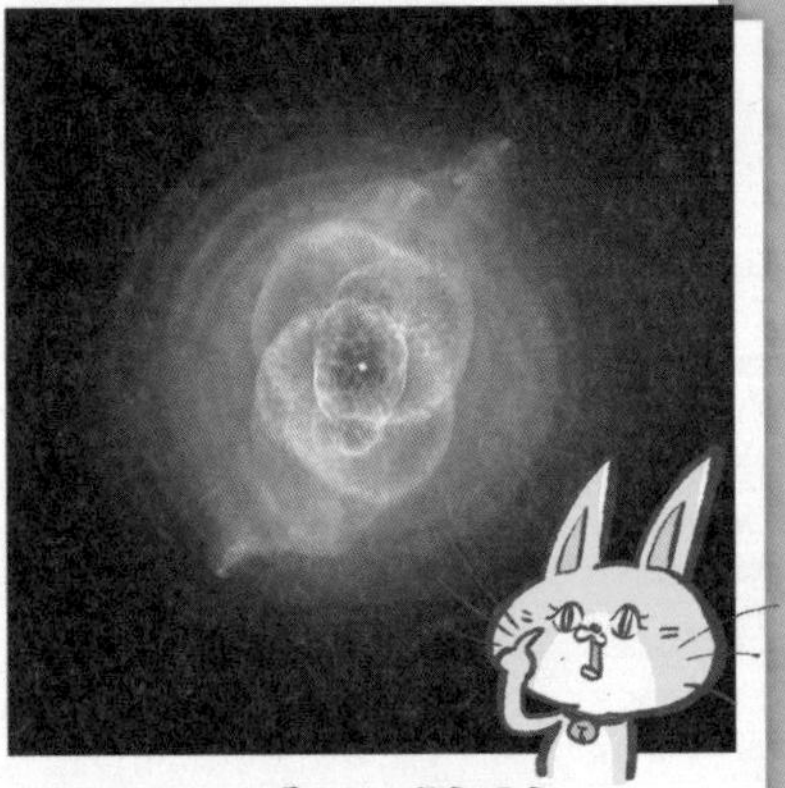

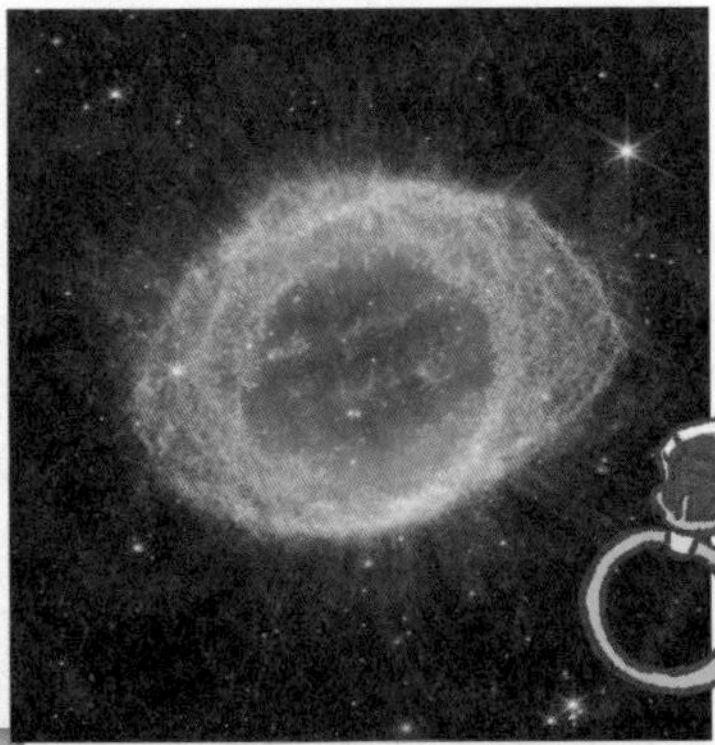

猫《ねこ》の目《め》星雲《せいうん》（りゅう座《ざ》の方向《ほうこう》）

3000光年先《こうねんさき》。猫《ねこ》の目《め》のように見《み》えるね。真《ま》ん中《なか》の白《しろ》い点《てん》はいずれ白色《はくしょく》わい星《せい》になるよ。白色《はくしょく》わい星《せい》は、角砂糖《かくざとう》1個《こ》の大《おお》きさで300～1000kgもあるんだって！

リング星雲《せいうん》（こと座《ざ》の方向《ほうこう》）

2600光年先《こうねんさき》。指輪《ゆびわ》のように見《み》える美《うつく》しい天体《てんたい》で、宮沢《みやざわ》賢治《けんじ》の作品《さくひん》にも登場《とうじょう》するんだ。

ブラックホールはゲップする

ジェット

超高温《ちょうこうおん》のガスや放射線《ほうしゃせん》などが混《ま》ざったブラックホールの「ゲップ」。星《ほし》や銀河《ぎんが》が生《う》まれるきっかけになったと考《かんが》える天文《てんもん》学者《がくしゃ》もいるよ。

ブラックホールは光《ひかり》さえも吸《す》い込《こ》む天体《てんたい》です。中《なか》にはものがギューギューにつまっています。もし地球《ちきゅう》を全部《ぜんぶ》、直径《ちょっけい》２cmのビー玉《だま》に押《お》し込《こ》んだら、ブラックホールと同《おな》じ程度《ていど》のギューギュー具合《ぐあい》になります。

このくらいつまっていると、ものを引《ひ》き付《つ》ける力《ちから》（重力《じゅうりょく》）がとてつもなく大《おお》きくなります。そして周《まわ》りのものをなんでも吸《す》い込《こ》んで、つぶしてしまうのです。

こうしてブラックホールは、近《ちか》くにある星《ほし》のガスなどをどんどん吸《す》い込《こ》みますが、食《た》べすぎると「ゲップ」しちゃうんだとか。その「ゲップ」は「ジェット」と呼《よ》ばれていて、光《ひかり》に近《ちか》い速《はや》さで銀河《ぎんが》を越《こ》えて飛《と》んでいくほどの勢《いきお》いなのだそうです。

イラスト：笠原ひろひと

ブラックホールは、私《わたし》たちの住《す》む天《あま》の川銀河《がわぎんが》だけで1億個以上《おくこいじょう》あるといわれているよ。でも、地球《ちきゅう》の近《ちか》くにはないから、私《わたし》たちが吸《す》い込《こ》まれる心配《しんぱい》はなさそう。

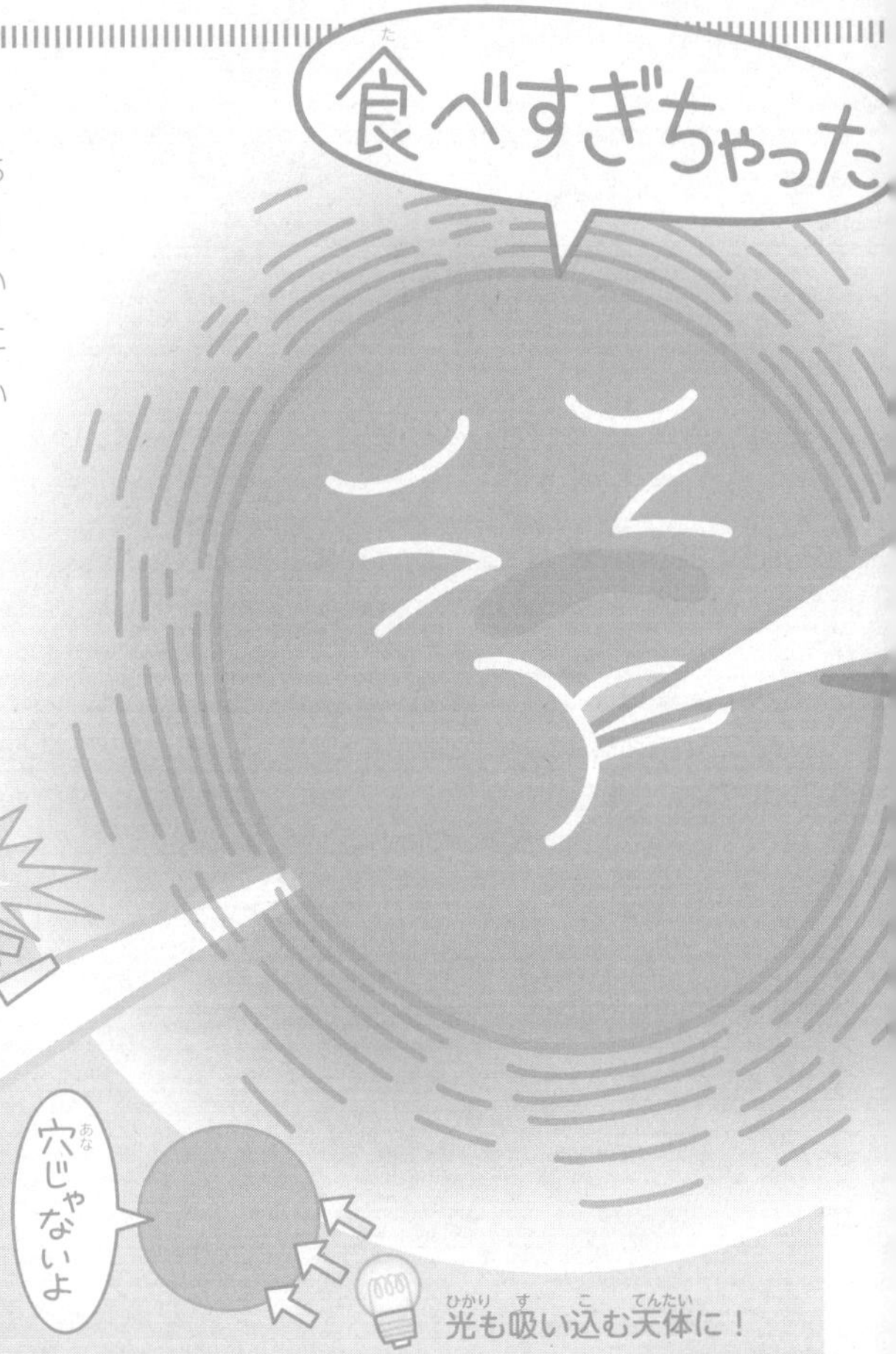
食《た》べすぎちゃった
穴《あな》じゃないよ

ブラックホールのマメ知《ち》識《しき》

どうやってできるの?

すごく重《おも》たい星《ほし》が超新星爆発《ちょうしんせいばくはつ》

ドーン

星自身《ほしじしん》の重力《じゅうりょく》で押《お》しつぶされて……

光《ひかり》も吸《す》い込《こ》む天体《てんたい》に！

ギューギュー！

いったん入《はい》ると出《で》られず、小《ちい》さな点《てん》になるまでつぶされる

近《ちか》づくとどうなるの?

うわああ
細《ほそ》く引《ひ》き伸《の》ばされる

あれ？
ブラックホールの近《ちか》くにいる人《ひと》、ずっと動《うご》かないぞ

時間《じかん》の流《なが》れがものすごく遅《おそ》くなる

アツい！

先駆者《せんくしゃ》伝説《でんせつ》

月《つき》に初《はじ》めて降《お》り立《た》ったファースト・マン

アームストロングは
約《やく》100年前《ねんまえ》アメリカで生《う》まれた
読書《どくしょ》と飛行機《ひこうき》にのめりこむ
少年時代《しょうねんじだい》を過《す》ごし
大学《だいがく》で航空工学《こうくうこうがく》を学《まな》んだ
海軍《かいぐん》のパイロットになると
数々《かずかず》の任務《にんむ》をこなした
片翼《かたよく》を失《うしな》っているぞ!!
危機《きき》にさらされても
必《かなら》ず生還《せいかん》し「強運《きょううん》の持《も》ち主《ぬし》」
と呼《よ》ばれた
問題《もんだい》ない！
1960年代中《ねんだいちゅう》に
人間《にんげん》を月《つき》に到達《とうたつ》させる!
この宣言《せんげん》により
アメリカで
「アポロ計画《けいかく》」が開始《かいし》
ケネディ大統領《だいとうりょう》
1961年《ねん》
アームストロングは
できたばかりのNASA《ナサ》
（アメリカ航空宇宙局《こうくううちゅうきょく》）に合格《ごうかく》し
宇宙飛行士《うちゅうひこうし》として訓練《くんれん》を積《つ》んだ
1962年《ねん》

ニール・アームストロング
(1930-2012年《ねん》)

アメリカの宇宙飛行士《うちゅうひこうし》。少年《しょうねん》のころから飛行機《ひこうき》に憧《あこが》れ、16歳《さい》でパイロットの免許《めんきょ》を取《と》る。大学《だいがく》で航空工学《こうくうこうがく》を学《まな》び、奨学金《しょうがくきん》返済《へんさい》のため海軍《かいぐん》のパイロットとして働《はたら》く。32歳《さい》のとき、NASA《ナサ》（アメリカ航空宇宙局《こうくううちゅうきょく》）の宇宙飛行士《うちゅうひこうし》試験《しけん》に合格《ごうかく》、38歳《さい》だった1969年《ねん》、アポロ11号《ごう》でオルドリンとともに人類初《じんるいはつ》の月面着陸《げつめんちゃくりく》を果《は》たす。NASA《ナサ》を退職《たいしょく》した後《あと》は、大学教授《だいがくきょうじゅ》や実業家《じつぎょうか》として活動《かつどう》した。

マンガ：逸架ぱずる、写真：朝日新聞社

明《あか》るく見《み》える星《ほし》ベスト5 その2

ここで紹介《しょうかい》する1等星《とうせい》は、春《はる》と夏《なつ》の空《そら》で見《み》られます！

4位《い》 アークトゥルス（うしかい座《ざ》）

春《はる》の空《そら》で、北斗七星《ほくとしちせい》のひしゃくの柄《え》のカーブを伸《の》ばすと見《み》つかります。これをさらに伸《の》ばして、おとめ座《ざ》のスピカまでつないだ線《せん》を「春《はる》の大曲線《だいきょくせん》」といいます。

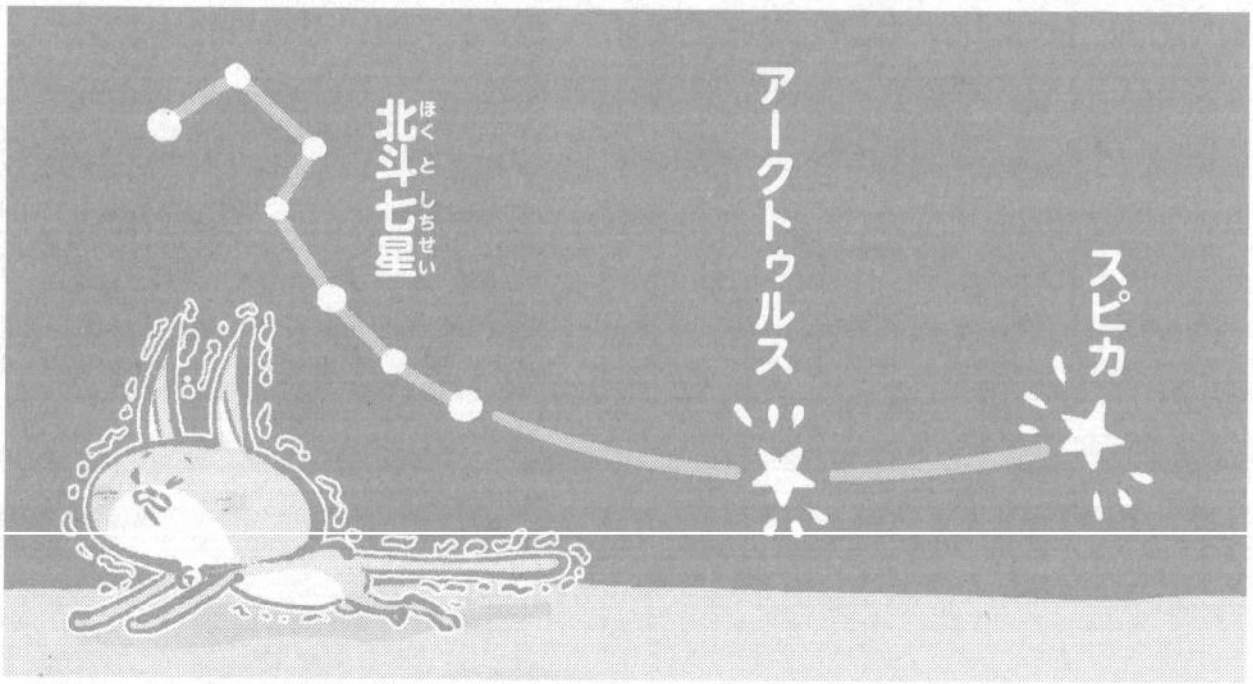

5位《い》 ベガ（こと座《ざ》）

ベガは、七夕《たなばた》の織姫星《おりひめぼし》のこと。彦星《ひこぼし》の「アルタイル（わし座《ざ》）」「デネブ（はくちょう座《ざ》）」と夏《なつ》の大三角《だいさんかく》を作《つく》っています。夏《なつ》は天《あま》の川《がわ》もきれいな時期《じき》。ぜひいっしょに楽《たの》しんでくださいね。

イラスト：イケウチリリー

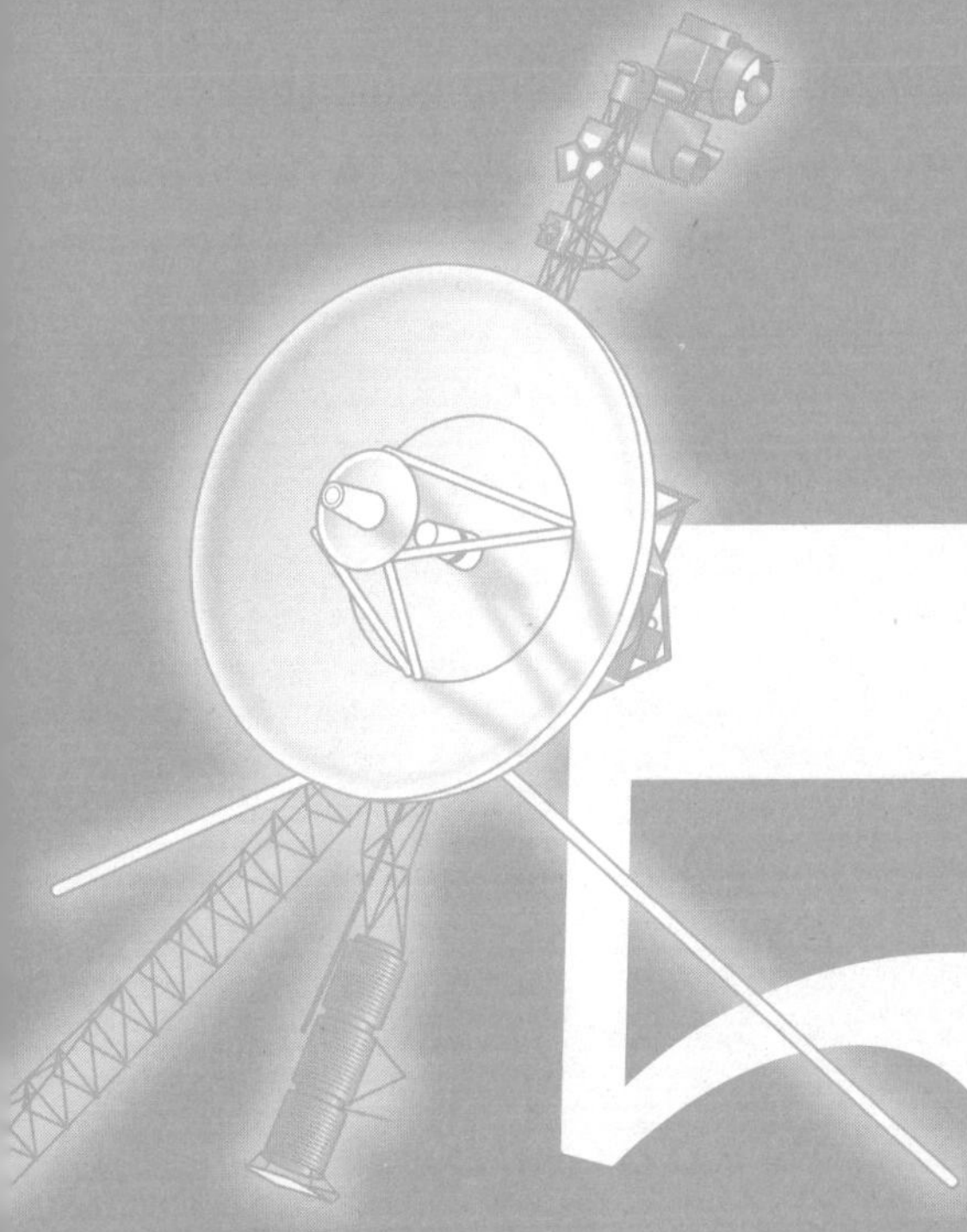

宇宙《うちゅう》にヨロシク!

5章《しょう》

もっと知《し》りたい!
宇宙《うちゅう》の冒険《ぼうけん》

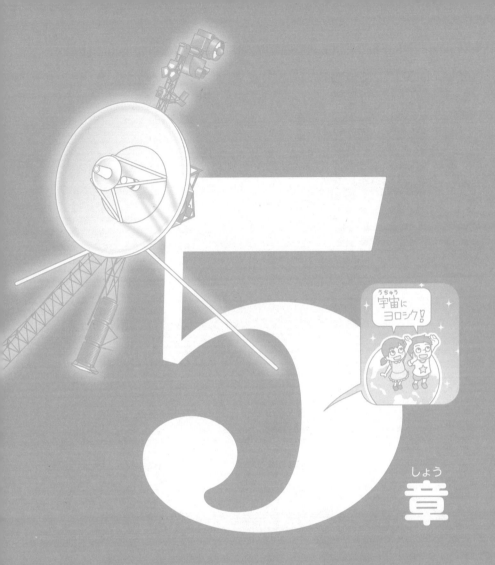

宇宙飛行士《うちゅうひこうし》の任務《にんむ》にはコスプレ撮影会《さつえいかい》がある

このポスターはいったい何《なに》？　映画《えいが》の宣伝《せんでん》？　実《じつ》は、宇宙飛行士《うちゅうひこうし》たちです。ミッションを広《ひろ》く知《し》ってもらうため、国際宇宙《こくさいうちゅう》ステーション（ＩＳＳ《アイエスエス》）に長期滞在《ちょうきたいざい》するメンバーが集《あつ》まって、このようなポスターを作《つく》っているそうです。左《ひだり》ページのポスターでは、映画《えいが》の「スター・ウォーズ」や「パイレーツ・オブ・カリビアン」「マトリックス」をまねて、コスプレしていますね。

もちろん彼《かれ》らは撮影会《さつえいかい》だけやっているわけではありません。ＩＳＳ《アイエスエス》に滞在《たいざい》している時《とき》は、やるべき仕事《しごと》が山《やま》ほどあります。さまざまな実験《じっけん》や、地球《ちきゅう》・天体《てんたい》の観測《かんそく》、ロボットアームの操作《そうさ》や船外活動《せんがいかつどう》など、本当《ほんとう》に幅広《はばひろ》い任務《にんむ》があって、大忙《おおいそが》しなのです。

宇宙飛行士《うちゅうひこうし》たちにとっては、ポスター撮影会《さつえいかい》は宇宙《うちゅう》に行《い》く前《まえ》の、楽《たの》しい息抜《いきぬ》きの時間《じかん》かもしれませんね。

イラスト：イケウチリリー

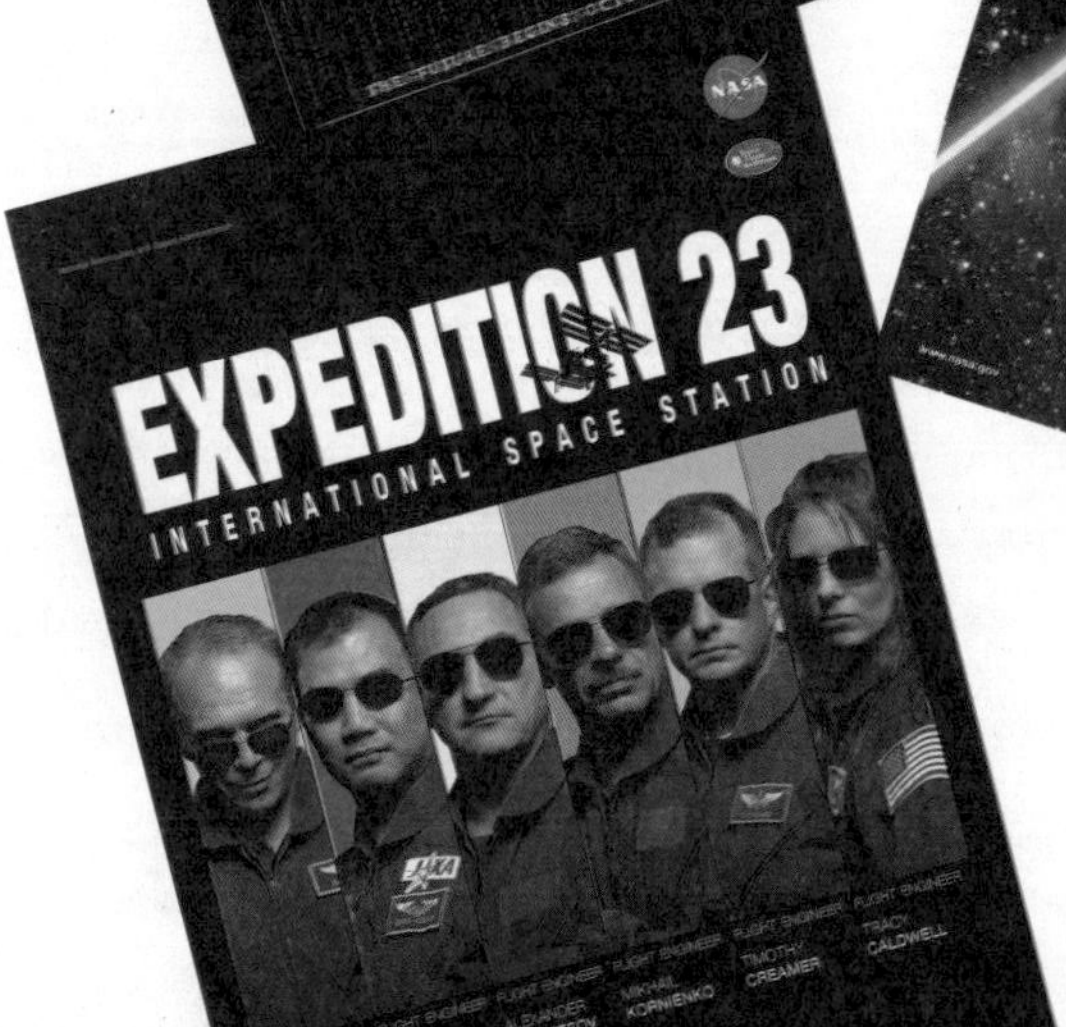

ポスターのアイデアの元《もと》となった作品《さくひん》は、上《うえ》から時計回《とけいまわ》りに「パイレーツ・オブ・カリビアン」「スター・ウォーズ」「レザボア・ドッグス」「マトリックス」。「スター・ウォーズ」には油井亀美也《ゆいきみや》さん、「レザボア・ドッグス」には野口聡一《のぐちそういち》さんが写《うつ》っているよ。探《さが》してみてね。

虫歯《むしば》を治《なお》さないと宇宙《うちゅう》に行《い》けない

あこがれの職業《しょくぎょう》・宇宙飛行士《うちゅうひこうし》。虫歯《むしば》があるとなれない、と聞《き》いたことがあるかもしれません。大丈夫《だいじょうぶ》、虫歯《むしば》があってもちゃんと治療《ちりょう》してあればOK《オーケー》です。なぜ治《なお》しておくかというと、船外活動《せんがいかつどう》などで気圧《きあつ》の違《ちが》う空間《くうかん》に出《で》ると、虫歯《むしば》の空洞《くうどう》などに痛《いた》みを生《しょう》じてしまうことがあるからだそうです。

宇宙《うちゅう》にかかわる魅力《みりょく》いっぱいの仕事《しごと》は、宇宙飛行士《うちゅうひこうし》のほかにもたくさんあります。あなたはどんな仕事《しごと》に興味《きょうみ》がありますか？

宇宙飛行士《うちゅうひこうし》

宇宙《うちゅう》で、いろいろな調査《ちょうさ》や実験《じっけん》をします。月《つき》に降《お》り立《た》ったり、火星《かせい》に行《い》ったりすることができるかもしれません。

宇宙《うちゅう》で歯《は》が痛《いた》くなった時《とき》のために、宇宙飛行士《うちゅうひこうし》は歯医者《はいしゃ》さんのように歯《は》を抜《ぬ》く訓練《くんれん》もするんだって！

イラスト：リーカオ

ロケット開発者《かいはつしゃ》

打《う》ち上《あ》げるロケットの開発《かいはつ》・研究《けんきゅう》をする人《ひと》。設計図《せっけいず》を作《つく》ったり、部品《ぶひん》の設計《せっけい》・開発《かいはつ》をしたりと多《おお》くの分野《ぶんや》があるよ。

研究者《けんきゅうしゃ》

宇宙《うちゅう》にはまだ解明《かいめい》されていないことがいっぱい。そのナゾを解《と》き明《あ》かそうと研究《けんきゅう》をしているんだ。

宇宙《うちゅう》にかかわる　いろいろな仕事《しごと》

管制官《かんせいかん》

地上《ちじょう》から宇宙飛行士《うちゅうひこうし》を支《ささ》えるよ。宇《う》宙《ちゅう》ステーションの状況《じょうきょう》を見守《みまも》り、あらゆるトラブルの対応《たいおう》などにあたるんだ。

天文雑誌《てんもんざっし》の編集者《へんしゅうしゃ》

宇宙《うちゅう》に関《かん》する新《あたら》しい話題《わだい》や、宇宙《うちゅう》にかかわる人《ひと》たちを取材《しゅざい》し、雑誌《ざっし》を作《つく》って、宇宙《うちゅう》に興味《きょうみ》を持《も》つ人《ひと》を増《ふ》やすよ。

1着《ちゃく》10億《おく》円《えん》の宇《う》宙《ちゅう》服《ふく》は「着《き》る宇《う》宙《ちゅう》船《せん》」

宇宙船《うちゅうせん》の外《そと》で活動《かつどう》するために着用《ちゃくよう》する「宇宙服《うちゅうふく》」。宇宙《うちゅう》の厳《きび》しい環境《かんきょう》にさらされるので、生命維持装置《せいめいいじそうち》などいろいろな機能《きのう》が備《そな》わっています。宇宙服《うちゅうふく》はいわば「1人《ひとり》乗《の》りの宇宙船《うちゅうせん》」です。そのお値段《ねだん》、なんと1着《ちゃく》10億円《おくえん》！

宇宙服《うちゅうふく》は着《き》るのが大変《たいへん》なので、宇宙飛行士《うちゅうひこうし》は着《き》る訓練《くんれん》をします。まず、体《からだ》の熱《ねつ》を冷《さ》ますための水《みず》を流《なが》すチューブが通《とお》っている冷却下着《れいきゃくしたぎ》をつけます。そして、数人《すうにん》がかりですべてのパーツを身《み》につけると、重《おも》さは120kgにもなります。もしも宇宙《うちゅう》がほぼ無重力《むじゅうりょく》の空間《くうかん》じゃなかったら、まったく動《うご》けませんね。

左《ひだり》の絵《え》のようなタイプの宇宙服《うちゅうふく》が、40年《ねん》以上《いじょう》にわたって使《つか》われてきましたが、次世代型《じせだいがた》の開発《かいはつ》も進《すす》んでいます。宇宙服《うちゅうふく》の開発《かいはつ》が始《はじ》まったのは100年近《ねんちか》く前《まえ》で、初期《しょき》にはアオムシの姿《すがた》をヒントにデザインされた宇宙服《うちゅうふく》もあったそうです。

イラスト：笠原ひろひと

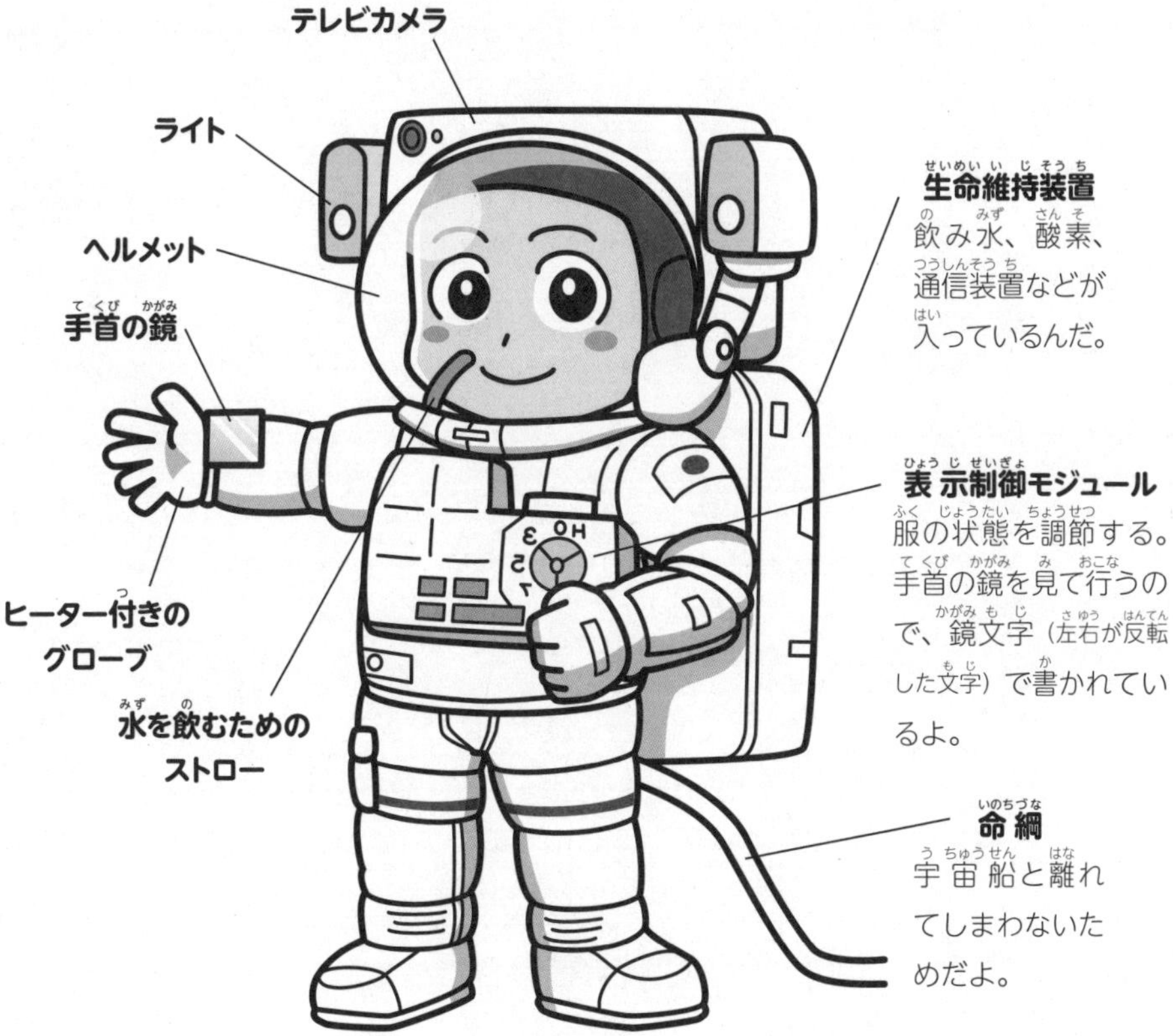
テレビカメラ
ライト
ヘルメット
手首《てくび》の鏡《かがみ》
ヒーター付《つ》きの
グローブ
水《みず》を飲《の》むための
ストロー
生命維持装置《せいめいいじそうち》
飲《の》み水《みず》、酸素《さんそ》、
通信装置《つうしんそうち》などが
入《はい》っているんだ。
表示制御《ひょうじせいぎょ》モジュール
服《ふく》の状態《じょうたい》を調節《ちょうせつ》する。
手首《てくび》の鏡《かがみ》を見《み》て行《おこな》うの
で、鏡文字《かがみもじ》（左右《さゆう》が反転《はんてん》
した文字《もじ》）で書《か》かれてい
るよ。
命綱《いのちづな》
宇宙船《うちゅうせん》と離《はな》れ
てしまわないた
めだよ。

動《うご》きやすそう!

むかしの宇宙服《うちゅうふく》のモデルはアオムシ!?

宇宙服《うちゅうふく》は長《なが》い時間《じかん》をかけて、いろいろなデザインが考《かんが》えられてきたよ。実際《じっさい》に宇宙《うちゅう》で使《つか》われてはいないけれど、腕《うで》や足《あし》など、まがる部分《ぶぶん》を動《うご》きやすくするために、開発《かいはつ》の初期《しょき》には、アオムシの姿《すがた》をまねしたアイデアもあったんだって！

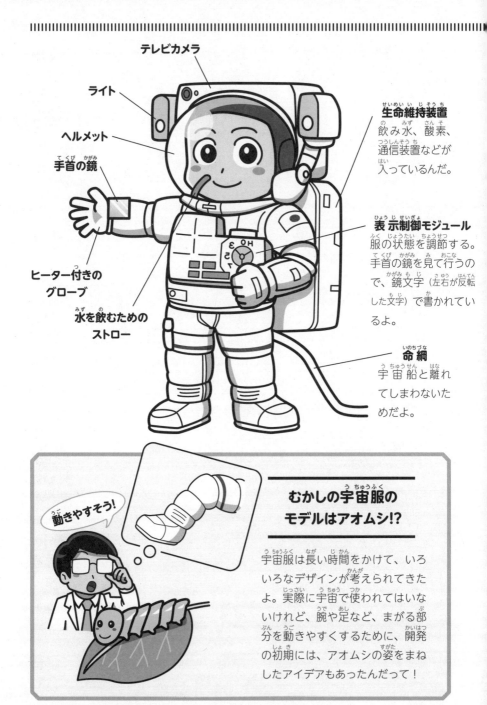

宇宙《うちゅう》に行《い》くと全員《ぜんいん》丸顔《まるがお》になる

ふだん私《わたし》たちが浮《う》き上《あ》がらず、地面《じめん》に立《た》っていられるのは、地球《ちきゅう》に「重力《じゅうりょく》」があるからです。地球上《ちきゅうじょう》では、重力《じゅうりょく》により、血《けつ》液《えき》などの体液《たいえき》も下《した》に引《ひ》っ張《ぱ》られています。ところが重力《じゅうりょく》の小《ちい》さい宇宙《うちゅう》に行《い》くと、体液《たいえき》が下《した》に引《ひ》っ張《ぱ》られず、頭《あたま》に血《ち》がのぼったような状態《じょうたい》になります。すると顔《かお》がむくんで、みんな丸顔《まるがお》になるのです。反対《はんたい》に足《あし》は細《ほそ》くなり、背《せ》も伸《の》びます。しばらくすると顔《かお》のむくみはおさまるそうです。

その代《か》わり、重力《じゅうりょく》に抵抗《ていこう》して体《からだ》を支《ささ》える必要《ひつよう》がなくなるので、筋肉《きんにく》や骨《ほね》ががんばら

鼻《はな》づまりになる
顔《かお》がむくむ
背《せ》が伸《の》びる
足《あし》が細《ほそ》くなる

なくなってしまい、筋力《きんりょく》は低下《ていか》し、骨《ほね》の量《りょう》も減《へ》ってしまいます。地球《ちきゅう》に戻《もど》ったときにそれではこまるので、宇宙飛行士《うちゅうひこうし》には毎日《まいにち》2時間《じかん》の筋力《きんりょく》トレーニングが義務づけられています。

宇宙生活《うちゅうせいかつ》あれこれ

歯《は》みがきのあと口《くち》をすすぐ水《みず》は、飲《の》みこむかタオルなどですい取《と》る。

毎日《まいにち》2時間《じかん》の筋《きん》トレタイム。

体《からだ》を固定《こてい》して
おやすみなさい……。

食事《しょくじ》のときはフォークなどが飛《と》んでいってしまわないように気《き》をつける。

みんな大好《だいす》き宇宙食《うちゅうしょく》!

むかしの宇宙食《うちゅうしょく》は、チューブに入ったドロドロのペーストで味気《あじけ》なかったけれど、今《いま》は開発《かいはつ》が進《すす》んでおいしく、種類《しゅるい》も豊富《ほうふ》になったんだ。国際宇宙《こくさいうちゅう》ステーション（ISS《アイエスエス》）には長《なが》く滞在《たいざい》する宇宙飛行士《うちゅうひこうし》が多《おお》いから、標準食《ひょうじゅんしょく》だけで300種類以上《しゅるいいじょう》！　宇宙《うちゅう》に行《い》った日本食《にほんしょく》には、カレーやラーメン、焼《や》き鳥《とり》のほか、ようかんなどのデザートもあるよ。おどろくのは調味料《ちょうみりょう》。宇宙《うちゅう》では粉《こな》が飛《と》び散《ち》ると機械《きかい》の故障《こしょう》につながるから、塩《しお》や胡椒《こしょう》も全部液体《ぜんぶえきたい》なんだって！

天文学者《てんもんがくしゃ》にだけ見《み》える天体《てんたい》がある？

私《わたし》にだけ見《み》えるぞ!!

銀河《ぎんが》「M《エム》106」の合成画像《ごうせいがぞう》

りょうけん座《ざ》の方向《ほうこう》にある銀河《ぎんが》「M《エム》106」。異《こと》なる電磁波《でんじは》をとらえる4つの望遠鏡《ぼうえんきょう》で、それぞれ観測《かんそく》したデータを重《かさ》ねて、1つの画像《がぞう》にしているよ。

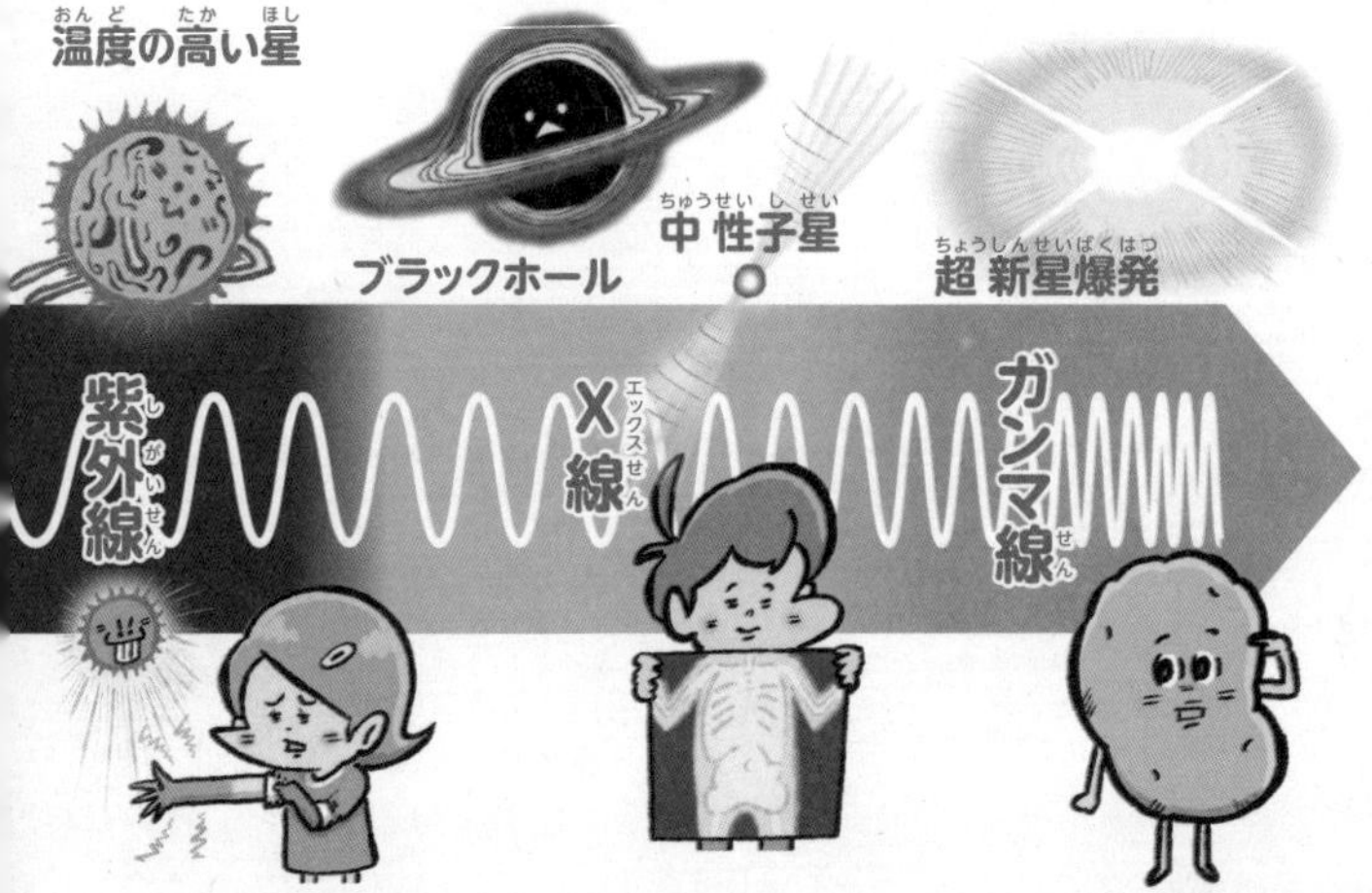
温度《おんど》の高《たか》い星《ほし》
ブラックホール
中性子星《ちゅうせいしせい》
超新星爆発《ちょうしんせいばくはつ》
紫外線《しがいせん》
X《エックス》線《せん》
ガンマ線《せん》

紫外線《しがいせん》は高温《こうおん》の星《ほし》や、数万《すうまん》から数《すう》百万《ひゃくまん》℃の太陽《たいよう》コロナを調《しら》べるときに使《つか》われるんだ。

X《エックス》線《せん》は数百万《すうひゃくまん》から数億《すうおく》℃の天体《てんたい》から出《で》る電磁波《でんじは》で、強《つよ》いエネルギーを持《も》った天《てん》体《たい》を観測《かんそく》できるよ。

ガンマ線《せん》はじゃがいもの発芽防《はつがぼう》止《し》に使《つか》われる。星《ほし》の爆発《ばくはつ》などを観測《かんそく》できるよ。

イラスト：イケウチリリー、図版：iStock

太陽《たいよう》や照明《しょうめい》など、私《わたし》たちが見《み》ている光《ひかり》の正体《しょうたい》は「電磁波《でんじは》」という空間《くうかん》を伝《つた》わる「波《なみ》」です。天体《てんたい》はいろいろな電磁波《でんじは》を出《だ》していますが、このうち人間《にんげん》に見《み》えるのは「可視光線《かしこうせん》」だけ。それ以外《いがい》は、赤外線《せきがいせん》や電波《でんぱ》などをとらえる望遠鏡《ぼうえんきょう》でデータを集《あつ》めます。

これらのデータは、着色《ちゃくしょく》したり加工《かこう》したりして、美《うつく》しくわかりやすい画像《がぞう》にして発表《はっぴょう》されます。こうして天文学者《てんもんがくしゃ》たちは、目《め》に見《み》えない天体《てんたい》を「見《み》て」いるのです。

電波《でんぱ》
赤外線《せきがいせん》
可視光線《かしこうせん》
X線《エックスせん》

目《め》で見《み》える星《ほし》や銀河《ぎんが》
温度《おんど》の低《ひく》い星《ほし》
チリやガス
電波《でんぱ》
赤外線《せきがいせん》
可視光線《かしこうせん》

電波《でんぱ》は赤外線《せきがいせん》よりさらに遠《とお》くまで届《とど》くので、宇《う》宙《ちゅう》空間《くうかん》にただよう冷《つめ》たいガスやチリなどを観測《かんそく》できるよ。

赤外線《せきがいせん》は遠《とお》くまで届《とど》き、チリを通《とお》り抜《ぬ》ける。温度《おんど》の低《ひく》い星《ほし》などを調《しら》べるのにピッタリなんだ。

可視光線《かしこうせん》は私《わたし》たちの目《め》で見《み》ることができる光《ひかり》。星《ほし》や銀河《ぎんが》の観測《かんそく》に使《つか》われるよ。

地《ち》上《じょう》から人《じん》工《こう》衛《えい》星《せい》ウォッチングができる

国際宇宙《こくさいうちゅう》ステーション（ISS《アイエスエス》）は、大《おお》きな人工衛星《じんこうえいせい》。逆《ぎゃく》に、1辺《ぺん》10㎝の立方体《りっぽうたい》という超小型《ちょうこがた》の人工衛星《じんこうえいせい》もあるよ。

地球《ちきゅう》の「衛星《えいせい》」といえば月《つき》ですね。惑星《わくせい》の引力《いんりょく》に引《ひ》かれて、その周《まわ》りを回《まわ》り続《つづ》けるものを「衛星《えいせい》」と呼《よ》びます。人《じん》工衛星《こうえいせい》は、その名前《なまえ》の通《とお》り人《にん》間《げん》が作《つく》った衛星《えいせい》です。

人工衛星《じんこうえいせい》にはさまざまな種《しゅ》類《るい》がありますが、身近《みぢか》なとこ

イラスト：イケウチリリー

なんてゆっくりな流《なが》れ星《ぼし》!!
家《いえ》がお城《しろ》になって、ドレスやアクセサリーが選《えら》び放題《ほうだい》で、お菓子《かし》も好《す》きなだけ食《た》べられますように……！
まだあと3つくらいお願《ねが》いできそう！
あれは人工《じんこう》衛星《えいせい》だよ…。

ろでは、天気《てんき》予報《よほう》や車《くるま》のナビゲーションなどで、私《わたし》たちの生活《せいかつ》に役立《やくだ》っています。

すごく高《たか》いところにある人《じん》工衛星《こうえいせい》ですが、実《じつ》は地上《ちじょう》から自分《じぶん》の目《め》で見《み》ることができるんですよ。

日《ひ》の入《い》り後《ご》や日《ひ》の出前《でまえ》の数《すう》時間《じかん》、空《そら》を眺《なが》めて、ゆっくり移動《いどう》していく小《ちい》さな光《ひかり》の点《てん》を探《さが》してみてください。ピカピカ点滅《てんめつ》している光《ひかり》の点《てん》は飛行《ひこう》機《き》ですが、点滅《てんめつ》しないものは人工衛星《じんこうえいせい》の可能性大《かのうせいだい》です！

ブラックホールを観測《かんそく》した望遠鏡《ぼうえんきょう》の視力《しりょく》は3000000！

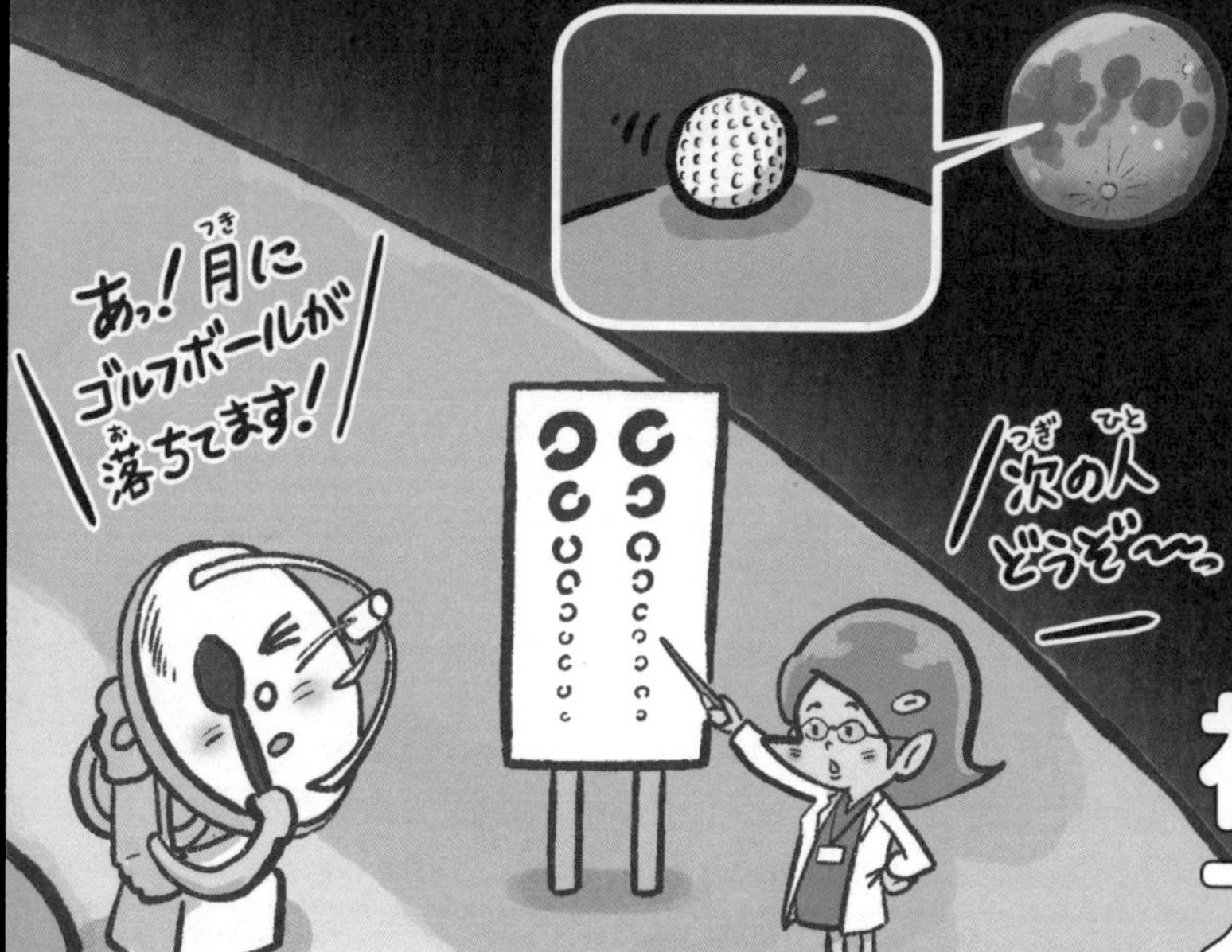

私《わたし》たちの視力《しりょく》は、0・8とか1・5とか、数字《すうじ》で表《あらわ》しますね。では、宇宙《うちゅう》を観測《かんそく》する天体望遠鏡《てんたいぼうえんきょう》は、どのくらい目《め》がいいのでしょうか？

たとえば、南米《なんべい》チリのアタカマ砂漠《さばく》につくられた「アルマ望遠鏡《ぼうえんきょう》」は視力《しりょく》6000。これは、大阪《おおさか》に落《お》ちている1円玉《えんだま》が東京《とうきょう》から見分《みわ》けられるくらいの視《し》力《りょく》です。

さらにすごいのが、今《いま》まで見《み》ることのできなかったブラックホールの観測《かんそく》に初《はじ》めて成功《せいこう》したときの視《し》力《りょく》です。世界各地《せかいかくち》の8つの電波望遠鏡《でんぱぼうえんきょう》を結《むす》び付《つ》け、得《え》られた視力《しりょく》はなんと3000000！　月《つき》に置《お》いたゴルフボールが、地球《ちきゅう》から見《み》えるほどだそうです。

イラスト:イケウチリリー

人類《じんるい》が初《はじ》めて撮影《さつえい》したブラックホールの影《かげ》

約《やく》5500万《まん》光《こう》年《ねん》先《さき》のおとめ座《ざ》の方向《ほうこう》にある銀河《ぎんが》「M《エム》87」の中心《ちゅうしん》にある超巨大《ちょうきょだい》ブラックホールの影《かげ》の画《が》像《ぞう》だよ。ブラックホールのまわりにあるとても熱《あつ》いガスが、ドーナツのように写《うつ》っているね。真《ま》ん中《なか》の暗《くら》い部分《ぶぶん》がブラックホールで、重《おも》さはなんと太陽《たいよう》65億個《おくこ》分《ぶん》！　その後《ご》、天《あま》の川銀河《がわぎんが》の中心《ちゅうしん》にあるブラックホールの影《かげ》も撮影《さつえい》されたよ。

視力《しりょく》300万《まん》の望遠鏡《ぼうえんきょう》はこうつくる!

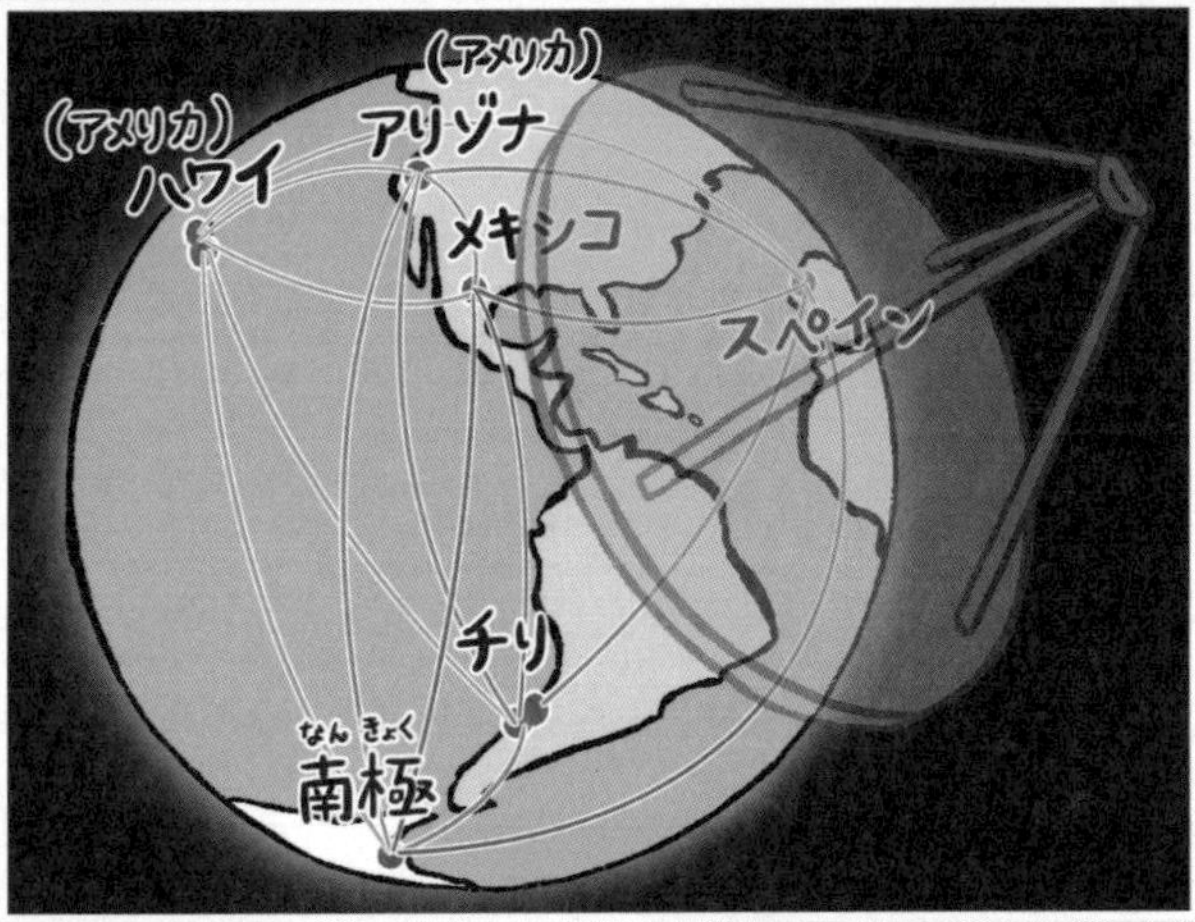

地球《ちきゅう》サイズの望遠鏡《ぼうえんきょう》をつくろう！ということで発足《ほっそく》したビッグプロジェクト「イベント・ホライズン・テレスコープ（EHT）」。チリ2カ所《しょ》、スペイン、アメリカ（ハワイ2カ所《しょ》・アリゾナ）、メキシコ、南極《なんきょく》にある8つの望遠鏡《ぼうえんきょう》が協力《きょうりょく》して、ブラックホールを観測《かんそく》したんだ。

日本《にほん》も運用中《うんようちゅう》!　アルマ望遠鏡《ぼうえんきょう》

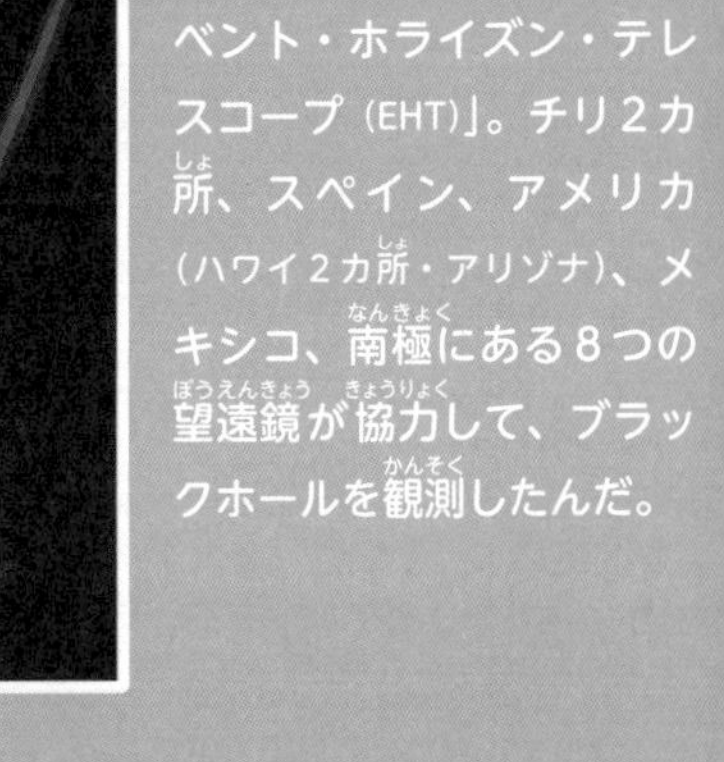

宇宙《うちゅう》からやってくる電波《でんぱ》を観測《かんそく》する望遠鏡《ぼうえんきょう》だよ。電波《でんぱ》をアンテナで集《あつ》めて、受信機《じゅしんき》で電気信号《でんきしんごう》に変《か》えたあと、スーパーコンピューターで処理《しょり》して、データ化《か》するんだ。全《ぜん》66台《だい》のアンテナのうち、日本《にほん》は16台《だい》（写真《しゃしん》左側《ひだりがわ》のグループ）を運用《うんよう》していて、新月《しんげつ》から16日《にち》目《め》の月《つき》の名前《なまえ》から、「十六夜《いざよい》」と愛称《あいしょう》が付《つ》けられているよ。

人工衛星《じんこうえいせい》は地球《ちきゅう》に向《む》かって落《お》ち続《つづ》けている

地球《ちきゅう》を回《まわ》る無数《むすう》の人工衛星《じんこうえいせい》。実《じつ》は浮《う》かんでいるのではなく、地球《ちきゅう》へと落《お》ち続《つづ》けているのだそうです!

地上《ちじょう》でボールを投《な》げると、カーブを描《えが》いて、やがて地面《じめん》に落《お》ちてきます。それは、地球《ちきゅう》がボールを引《ひ》っ張《ば》る「重力《じゅうりょく》」があるからです。

重力《じゅうりょく》とは?

地球《ちきゅう》がその中心《ちゅうしん》に向《む》かって物体《ぶったい》を引《ひ》く力《ちから》。太陽《たいよう》や月《つき》なども含《ふく》めた、すべての天体《てんたい》には重力《じゅうりょく》がある。

体《からだ》の重《おも》さがあるのも地球《ちきゅう》に重力《じゅうりょく》があるからだよ

太陽系《たいようけい》の惑星《わくせい》は太陽《たいよう》の重力《じゅうりょく》に引《ひ》っ張《ば》られているよ

おもいっきりジャンプしても地面《じめん》に落《お》ちるよ

イラスト:西原宏史

えーい!!

そこで、ボールを投《な》げる速度《そくど》をどんどん速《はや》めると、地面《じめん》に落《お》ちようとするカーブがどんどんゆるやかになり、いずれ地面《じめん》のカーブと同《おな》じ曲《ま》がり具合《ぐあい》になります。すると、ボールは地球《ちきゅう》を回《まわ》り、もとの場所《ばしょ》に戻《もど》ってきます。

同《おな》じように、人工衛星《じんこうえいせい》も地球《ちきゅう》の丸《まる》みにそって、落《お》ち続《つづ》けながら飛《と》んでいます。国際宇宙《こくさいうちゅう》ステーション（ISS《アイエスエス》）で働《はたら》く宇宙飛行士《うちゅうひこうし》が、ふわふわとただよう映像《えいぞう》を見《み》たことがありますか。彼《かれ》らも浮《う》かんでいるのではなく、落《お》ちていると思《おも》うと、なんだか不思議《ふしぎ》ですね。

体《からだ》の重《おも》さがなくなったみたい！

おもいっきりジャンプすると、そのまま飛《と》んでいっちゃうよ

もし重力《じゅうりょく》がなかったら……

体《からだ》が浮《う》かび、ものの重《おも》さがなくなったように感《かん》じる。ただし、重力《じゅうりょく》はとても遠《とお》くまで届《とど》く力《ちから》なので、重力《じゅうりょく》が完全《かんぜん》になくなる場所《ばしょ》に行《い》くのは難《むずか》しい。宇宙《うちゅう》に行《い》って、体《からだ》が浮《う》かんでいるように感《かん》じたとしても、必《かなら》ずどこかの天体《てんたい》に向《む》かって落《お》ちている状《じょう》態《たい》になる。

太陽《たいよう》の重力《じゅうりょく》がなくなると、惑星《わくせい》もどこかへ飛《と》んでいくよ

木星《もくせい》の衛星《えいせい》エウロパ

月《つき》より少《すこ》し小《ちい》さいエウロパは、生《い》き物《もの》がいるかもしれないと注目《ちゅうもく》されているよ。ハビタブルゾーンの外側《そとがわ》だから寒《さむ》く、表面《ひょうめん》は約《やく》100㎞の分厚《ぶあつ》い氷《こおり》でおおわれているけれど、その下《した》に液体《えきたい》の海《うみ》があると考《かんが》えられているんだ。

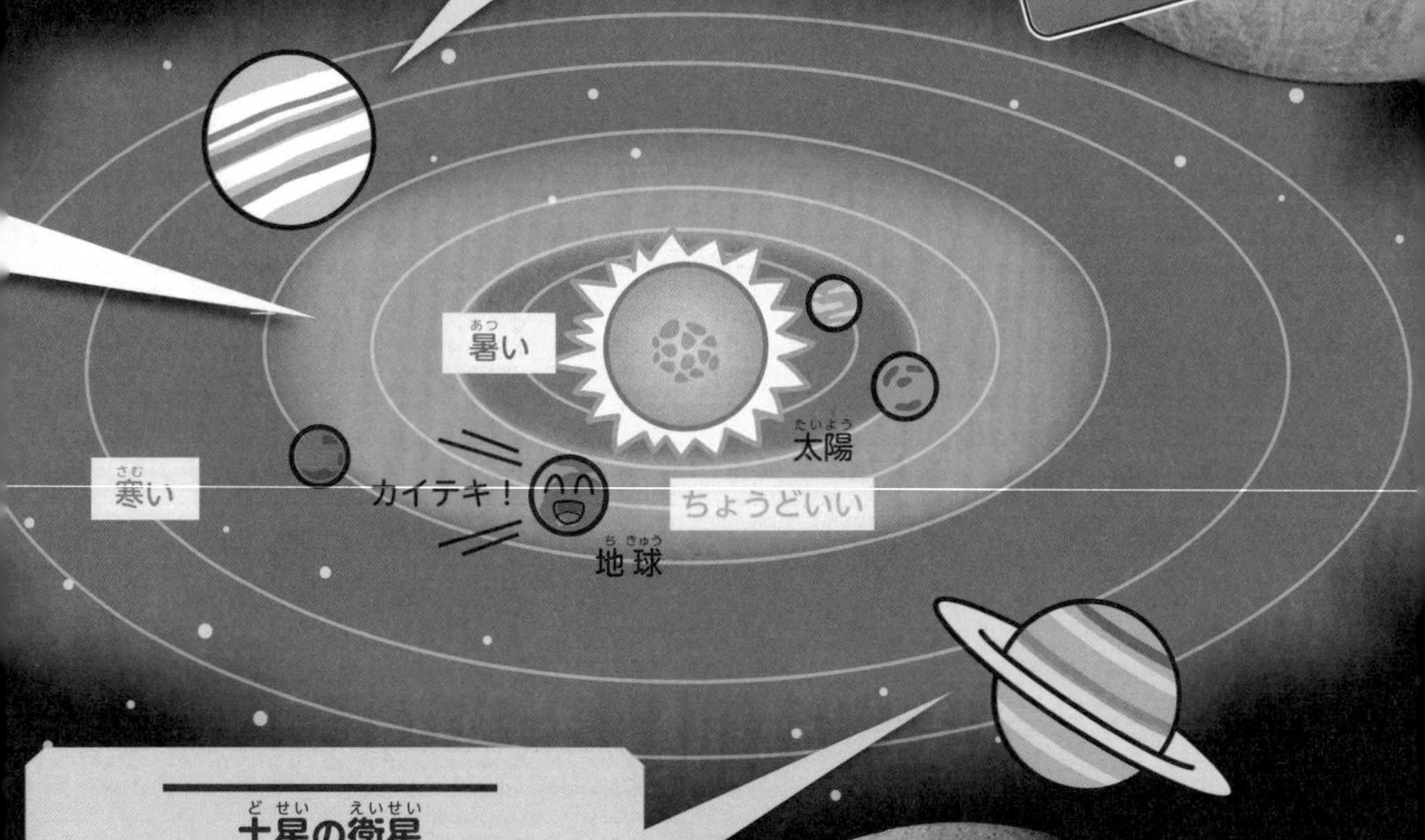

土星《どせい》の衛星《えいせい》エンケラドゥス

「太陽系《たいようけい》でいちばん白《しろ》い」といわれる美《うつく》しい衛星《えいせい》。分厚《ぶあつ》い氷《こおり》の割《わ》れ目《め》から、栄養《えいよう》たっぷりの水《みず》が噴《ふ》き出《だ》しているんだ。氷《こおり》の下《した》に液体《えきたい》の海《うみ》があり、海底《かいてい》には、熱水《ねっすい》を噴《ふ》き出《だ》す穴《あな》があると予想《よそう》されているよ。原始《げんし》の地球《ちきゅう》の海底《かいてい》と環境《かんきょう》が似《に》ていると考《かんが》えられていて、生命《せいめい》の存在《そんざい》が期待《きたい》されているんだ。

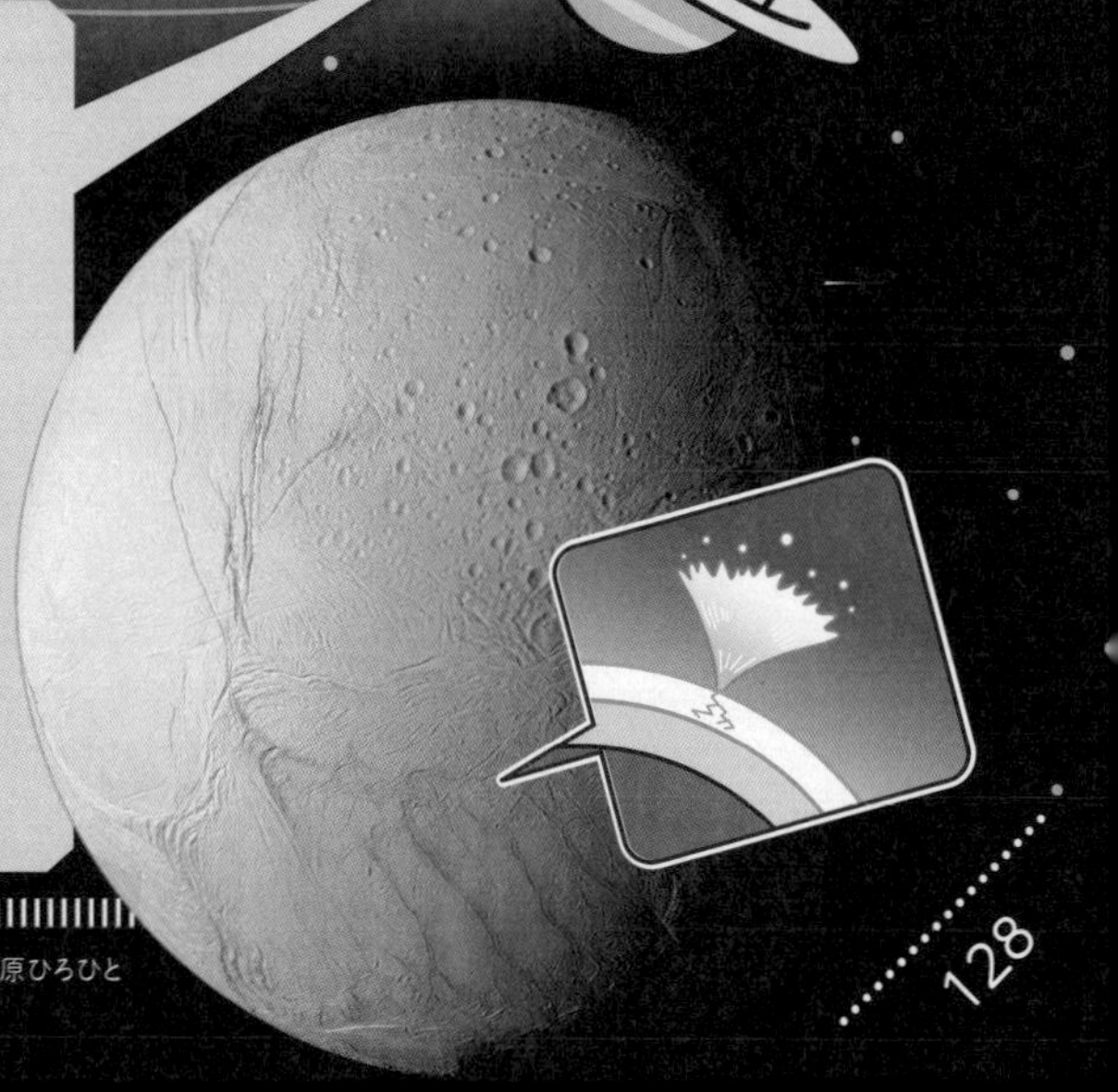

イラスト：笠原ひろひと

木星《もくせい》や土星《どせい》の衛星《えいせい》に生《い》き物《もの》がいる？

暮《く》らすのにちょうどいい!
「ハビタブルゾーン」とは?

生《い》き物《もの》が誕生《たんじょう》し、暮《く》らしていくためには、液体《えきたい》の水《みず》が必要《ひつよう》だと考《かんが》えられているよ。

太陽《たいよう》のように熱《ねつ》や光《ひかり》を放《はな》つ星《ほし》（恒星《こうせい》）に近《ちか》すぎると、暑《あつ》すぎて水《みず》が蒸発《じょうはつ》してしまう。逆《ぎゃく》に遠《とお》すぎると、寒《さむ》すぎて水《みず》は氷《こおり》になってしまうんだ。

地球《ちきゅう》のように、水《みず》が液体《えきたい》のまま存在《そんざい》できる、ちょうどいい距離《きょり》の範囲《はんい》は限《かぎ》られているんだ。このエリアのことを「ハビタブルゾーン」と呼《よ》ぶよ。

衛星《えいせい》とは、地球《ちきゅう》や火星《かせい》などの惑星《わくせい》の周《まわ》りを回《まわ》る天体《てんたい》です。

地球《ちきゅう》の衛星《えいせい》は月《つき》だけですが、木星《もくせい》や土星《どせい》は、数多《かずおお》くの衛星《えいせい》を持《も》っています。その中《なか》には、生《い》き物《もの》が生《う》まれやすい環境《かんきょう》として注目《ちゅうもく》されている衛《えい》星《せい》もあるのです。

宇宙《うちゅう》のどこかに生《い》き物《もの》がいると信《しん》じて、研究《けんきゅう》を続《つづ》ける天文学者《てんもんがくしゃ》は少《すく》なくありません。

宇宙人《うちゅうじん》への手紙《てがみ》 返事《へんじ》が来《き》ても5万《まん》年《ねん》後《ご》

1974年《ねん》、プエルトリコにあるアレシボ電波望遠鏡《でんぱぼうえんきょう》から、宇宙《うちゅう》に向《む》けて、電波《でんぱ》で暗号化《あんごうか》した手紙《てがみ》が送信《そうしん》されました。内容《ないよう》は、人類《じんるい》から宇宙人《うちゅうじん》へのメッセージです。

目標《もくひょう》は、約《やく》2万《まん》5000光年《こうねん》先《さき》にある星《ほし》の集団《しゅうだん》。そのため、もし宇宙人《うちゅうじん》が電波《でんぱ》に気《き》づいて、すぐに返事《へんじ》をくれたとしても、地球《ちきゅう》に届《とど》くのは5万年後《まんねんご》です。

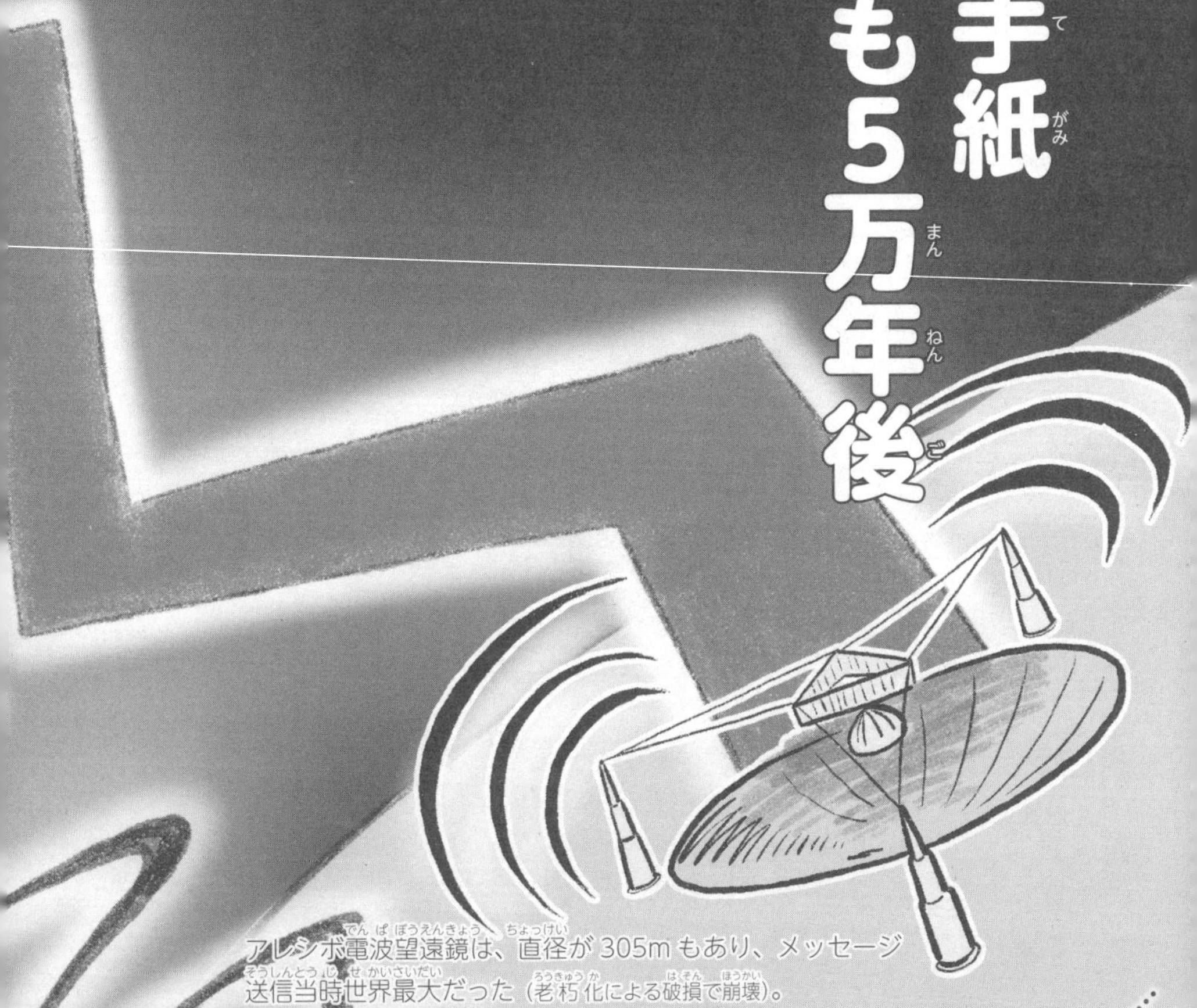

アレシボ電波望遠鏡《でんぱぼうえんきょう》は、直径《ちょっけい》が305mもあり、メッセージ送信当時世界最大《そうしんとうじせかいさいだい》だった（老朽化《ろうきゅうか》による破損《はそん》で崩壊《ほうかい》）。

イラスト：イケウチリリー

電波《でんぱ》は、ヘルクレス座《ざ》のM《エム》13という
球状星団《きゅうじょうせいだん》に向《む》けて送信《そうしん》されたよ。

メッセージの中身《なかみ》は？

電波《でんぱ》のパターンを解読《かいどく》すると、左《ひだり》のような図《ず》が浮《う》かび上《あ》がるようになっている。人間《にんげん》の姿《すがた》や遺伝物質《いでんぶっしつ》の構造《こうぞう》などが書《か》かれているよ。ちなみに、宇宙人《うちゅうじん》からの返信《へんしん》を受《う》け取《と》った人《ひと》は、政府《せいふ》や国立天文台《こくりつてんもんだい》に報告《ほうこく》しなければならないというきまりがあるんだ。

2人《ふたり》はボイジャーなどの探査機《たんさき》に載《の》せるメッセージも作《つく》ったよ。

手紙作《てがみづく》りにかかわった人《ひと》たち

天文学者《てんもんがくしゃ》・作家《さっか》
カール・セーガン

天文学者《てんもんがくしゃ》
フランク・ドレイク

COSMOS
ドレイク方程式《ほうていしき》
$N=R_{*}\times f_{p}\times n_{e}\times f_{l}\times f_{i}\times f_{c}\times L$

セーガンは、有名《ゆうめい》なSF小説《しょうせつ》を執筆《しっぴつ》したり、宇宙《うちゅう》カレンダー（→136ページ）を提唱《ていしょう》したりしたよ。ドレイクは、天《あま》の川銀河《がわぎんが》に生《い》き物《もの》がいる数《かず》を予想《よそう》するための「ドレイク方程式《ほうていしき》」を考《かんが》えたんだ。

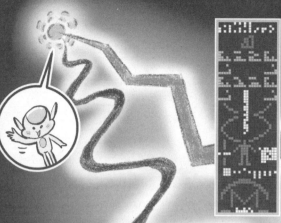

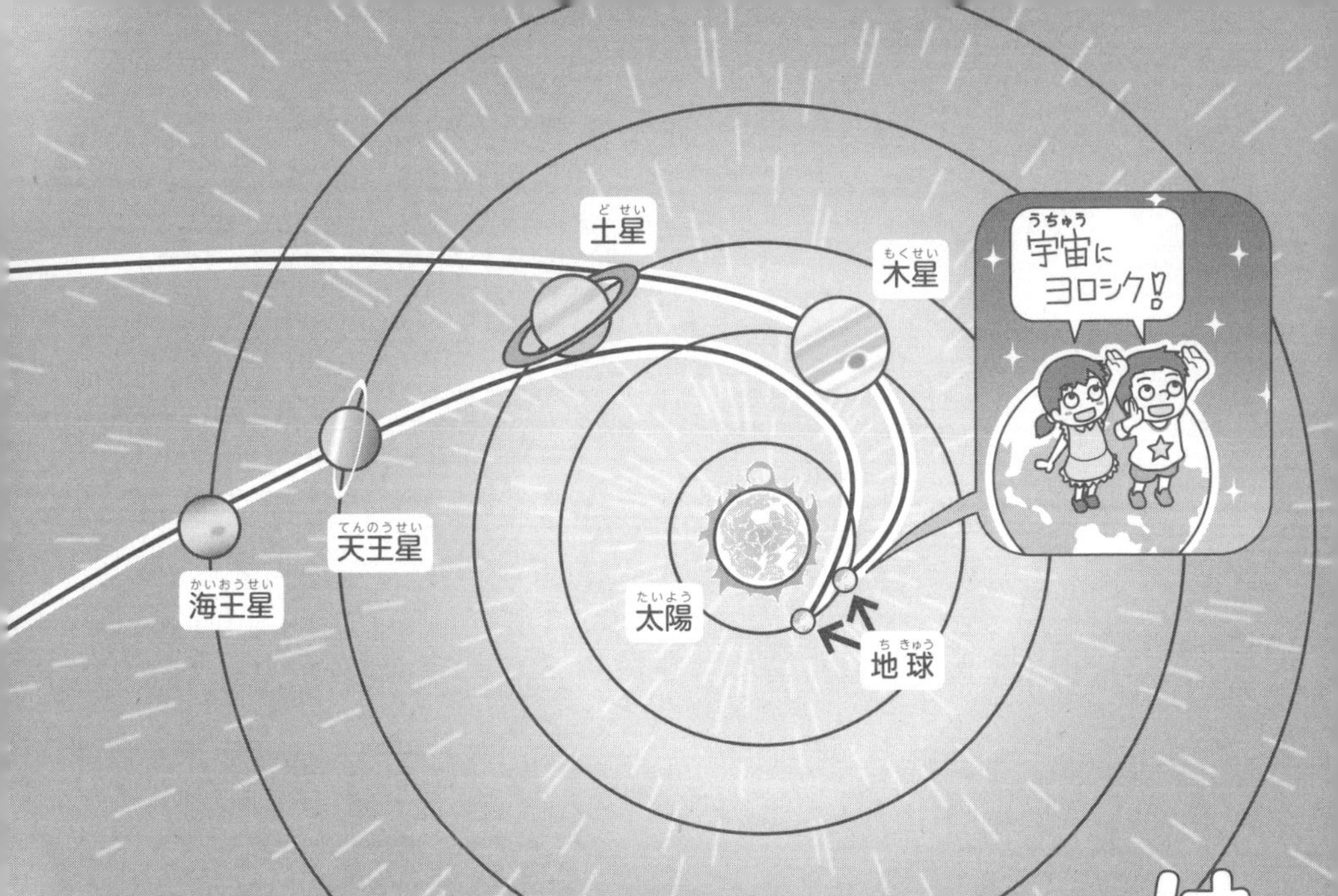
宇宙《うちゅう》にヨロシク！
土星《どせい》
木星《もくせい》
天王星《てんのうせい》
海王星《かいおうせい》
太陽《たいよう》
地球《ちきゅう》

はるか遠《とお》くの宇宙《うちゅう》へプレゼントを運《はこ》ぶ探査機《たんさき》がある

宇宙人《うちゅうじん》を見《み》つけたい！　そんな人類《じんるい》の夢《ゆめ》を乗《の》せて、1977年《ねん》に探査機《たんさき》ボイジャー1号《ごう》、2号《ごう》が打《う》ち上《あ》げられました。太陽系《たいようけい》の惑星《わくせい》を調《しら》べたあと、はるかかなたの宇宙《うちゅう》へと旅《たび》を続《つづ》けています。

これらの探査機《たんさき》には、宇宙人《うちゅうじん》に人類《じんるい》の存在《そんざい》を知《し》らせるための記録《きろく》が入《はい》ったレコードが積《つ》まれています。記録《きろく》に収《おさ》められた、アメリカのカーター大統領《だいとうりょう》（当時《とうじ》）のメッセージはこう始《はじ》まります。

「これは小《ちい》さな、遠《とお》い世界《せかい》からのプレゼント」

はたして、宇宙人《うちゅうじん》に届《とど》く日《ひ》はくるのでしょうか？

イラスト：西原宏史

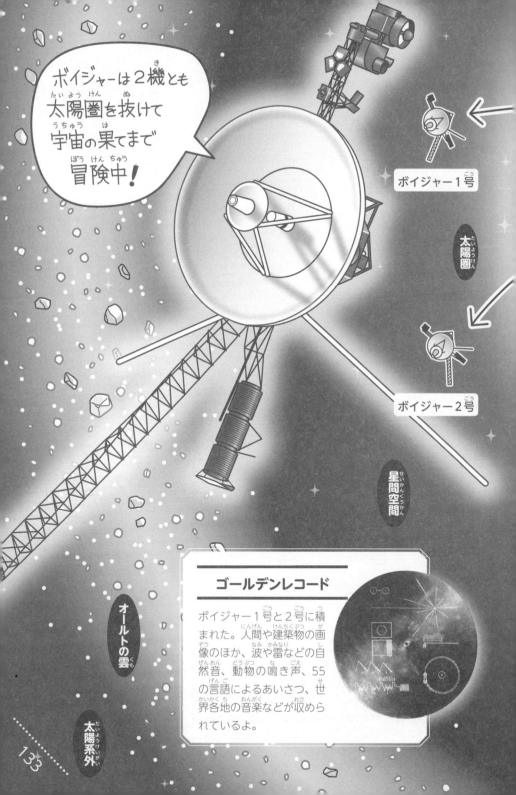

ゴールデンレコード

ボイジャー１号《ごう》と２号《ごう》に積《つ》まれた。人間《にんげん》や建築物《けんちくぶつ》の画《が》像《ぞう》のほか、波《なみ》や雷《かみなり》などの自《し》然音《ぜんおん》、動物《どうぶつ》の鳴《な》き声《ごえ》、55の言語《げんご》によるあいさつ、世《せ》界各地《かいかくち》の音楽《おんがく》などが収《おさ》められているよ。

アツい！
先駆者《せんくしゃ》
伝説《でんせつ》

日本《にほん》を宇宙《うちゅう》の夢《ゆめ》に近《ちか》づけたロケット開発《かいはつ》の父《ちち》

糸川英夫《いとかわひでお》は1912年《ねん》
東京《とうきょう》に生《う》まれた
子《こ》どものころから
多《おお》くのことに
興味《きょうみ》を持《も》ち
飛行機《ひこうき》は
カッコイイな！
自分《じぶん》で作《つく》るぞ！
ベーゴマ
好《す》きなものには
どんどんのめりこんだ
航空機《こうくうき》メーカーで
飛行機《ひこうき》の設計《せっけい》に関《かか》わった後《あと》、
東大《とうだい》で研究《けんきゅう》を行《おこな》った
九七式《きゅうななしき》
隼《はやぶさ》
しかし敗戦後《はいせんご》
独自《どくじ》の開発《かいはつ》を禁《きん》じられてしまう
飛行機《ひこうき》の研究《けんきゅう》が
できないなんて……
失意《しつい》の底《そこ》にいたが
好《す》きな音楽《おんがく》に救《すく》われた
「音《おと》」も「脳波《のうは》」も同《おな》じ
「振動《しんどう》」で説明《せつめい》できるのでは！
音楽《おんがく》と脳波《のうは》の関係《かんけい》に
気《き》づき　日本初《にほんはつ》の
脳波測定器《のうはそくていき》を作《つく》った

糸川英夫《いとかわひでお》
(1912-1999年《ねん》)

工学者《こうがくしゃ》。東京帝国大学《とうきょうていこくだいがく》(現在《げんざい》の東京大学《とうきょうだいがく》)工学部航《こうがくぶこう》空学科《くうがっか》を卒業《そつぎょう》。1948年《ねん》に東京大学教授《とうきょうだいがくきょうじゅ》に就任《しゅうにん》し、54年《ねん》、本格的《ほんかくてき》にロケット開発《かいはつ》をスタート。長《なが》きにわたって研究《けんきゅう》を先導《せんどう》し、日本《にほん》の宇宙開発《うちゅうかいはつ》の草分《くさわ》けとなった。67年《ねん》に東大《とうだい》を退官《たいかん》し、組織工学研究所《そしきこうがくけんきゅうじょ》を設立《せつりつ》。音楽《おんがく》にも造詣《ぞうけい》が深《ふか》く、音響工学《おんきょうこうがく》を駆使《くし》したヴァイオリン設計《せっけい》をライフワークのひとつとし、晩年《ばんねん》にコンサートを開催《かいさい》した。

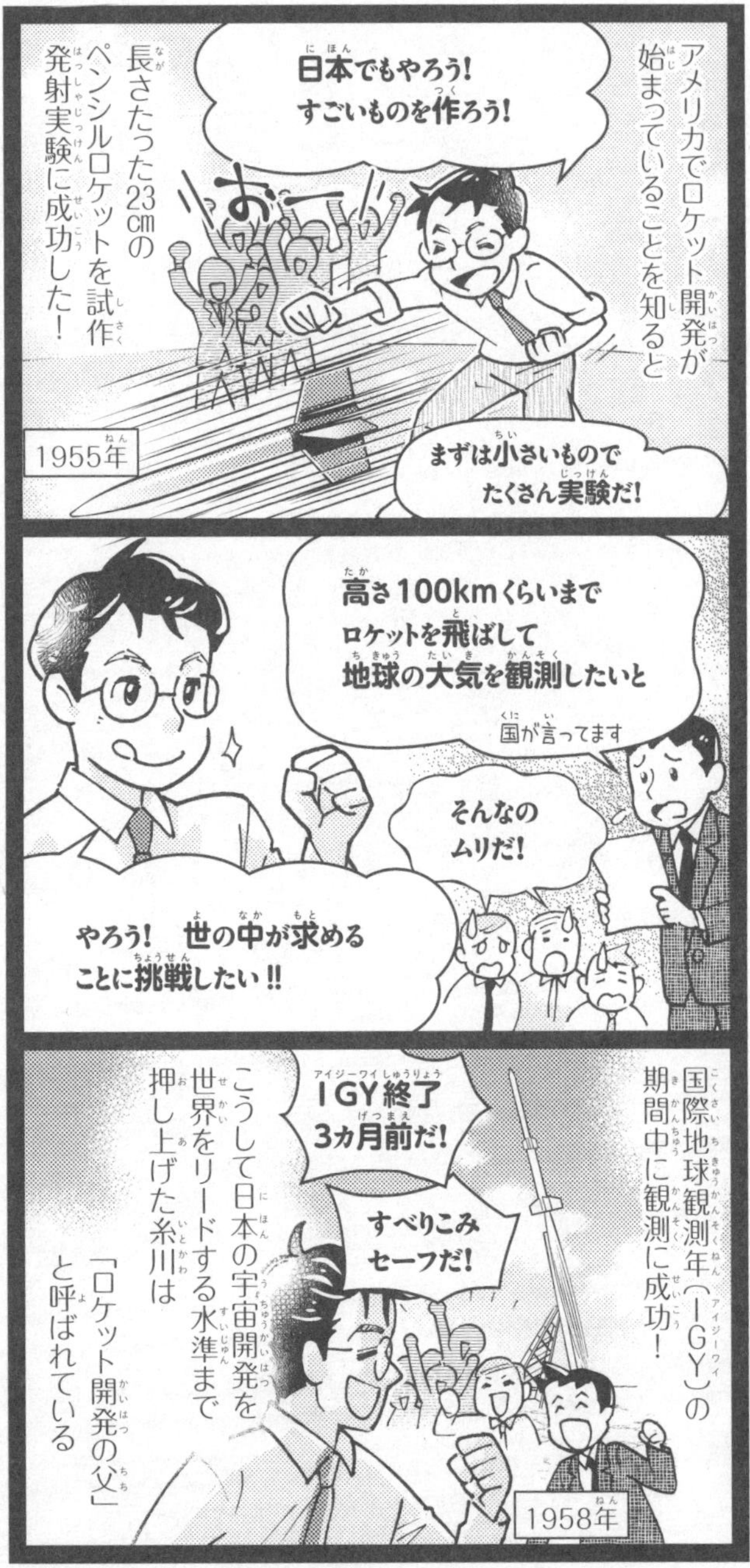
アメリカでロケット開発《かいはつ》が始《はじ》まっていることを知《し》ると
日本《にほん》でもやろう！ すごいものを作《つく》ろう！
おー
まずは小《ちい》さいものでたくさん実験《じっけん》だ！
長《なが》さたった23㎝のペンシルロケットを試作《しさく》 発射実験《はっしゃじっけん》に成功《せいこう》した！
1955年《ねん》
高《たか》さ100kmくらいまでロケットを飛《と》ばして地球《ちきゅう》の大気《たいき》を観測《かんそく》したいと
国《くに》が言《い》ってます
そんなのムリだ！
やろう！ 世《よ》の中《なか》が求《もと》めることに挑戦《ちょうせん》したい!!
国際地球観測年《こくさいちきゅうかんそくねん》（IGY《アイジーワイ》）の期間中《きかんちゅう》に観測《かんそく》に成功《せいこう》！
IGY終了《アイジーワイしゅうりょう》3ヵ月前《げつまえ》だ！
すべりこみセーフだ！
こうして日本《にほん》の宇宙開発《うちゅうかいはつ》を世界《せかい》をリードする水準《すいじゅん》まで押《お》し上《あ》げた糸川《いとかわ》は「ロケット開発《かいはつ》の父《ちち》」と呼《よ》ばれている
1958年《ねん》

マンガ：逸架ぱずる、写真：朝日新聞社

宇宙《うちゅう》カレンダー

宇宙誕生《うちゅうたんじょう》から約《やく》138億年《おくねん》。長《なが》い歴史《れきし》を、1年《ねん》にギュギュッと詰《つ》め込《こ》んだよ。人間《にんげん》はいつごろ登場するかな？

1〜11月《がつ》

1月《がつ》1日《ついたち》　0時《じ》0分《ふん》0秒《びょう》

宇宙《うちゅう》が生《う》まれる

約《やく》138億年前《おくねんまえ》に宇宙《うちゅう》は誕生《たんじょう》したよ。

1月《がつ》8日《ようか》

最初《さいしょ》の星《ほし》が生《う》まれる

物質同士《ぶっしつどうし》が引《ひ》き合《あ》って固《かた》まり、初《はじ》めての星《ほし》ができたんだ。

1月《がつ》16日《にち》

最初《さいしょ》の銀河《ぎんが》が生《う》まれる

次々《つぎつぎ》に星《ほし》が生《う》まれ、たくさん集《あつ》まって、最初《さいしょ》の銀河《ぎんが》ができたよ。

2〜3月《がつ》ごろ

天《あま》の川銀河《がわぎんが》が誕生《たんじょう》

私《わたし》たちの住《す》む天《あま》の川《がわ》銀河《ぎんが》ができたよ。

12月《がつ》

12月《がつ》5日《いつか》

多細胞生物《たさいぼうせいぶつ》が生《う》まれる

約《やく》10億年前《おくねんまえ》、たくさんの細胞《さいぼう》で体《からだ》ができた多《た》細《さい》胞《ぼう》生《せい》物《ぶつ》が誕《たん》生《じょう》。

12月《がつ》17日《にち》

古生代《こせいだい》がスタート

約《やく》5億《おく》4000万《まん》年前《ねんまえ》から、海《うみ》の中《なか》で生《い》き物《もの》の種類《しゅるい》が爆発的《ばくはつてき》に増《ふ》えたよ。約《やく》4億年前《おくねんまえ》には両生類《りょうせいるい》が生《う》まれたんだ。

12月《がつ》25日《にち》

中生代《ちゅうせいだい》がスタート

約《やく》2億《おく》5000万《まん》年《ねん》前《まえ》から。恐竜《きょうりゅう》が栄《さか》えた時代《じだい》だよ。

年代《ねんだい》にはいろいろな説《せつ》があるので、おおよその数字《すうじ》です。

イラスト：イケウチリリー

9月《がつ》1日《ついたち》

太陽系《たいようけい》が誕生《たんじょう》

約《やく》46億《おく》年前《ねんまえ》、最初《さいしょ》に太陽《たいよう》ができ、そのあと地球《ちきゅう》やほかの惑星《わくせい》が生《う》まれたよ。

9月《がつ》22日《にち》

地球《ちきゅう》に生命《せいめい》が誕生《たんじょう》

約《やく》40億《おく》年前《ねんまえ》、地球《ちきゅう》に海《うみ》ができて、約《やく》38億《おく》年前《ねんまえ》に海《うみ》の中《なか》で最初《さいしょ》の生命《せいめい》が誕生《たんじょう》したよ。

10月《がつ》21日《にち》

地球《ちきゅう》の大気《たいき》に酸素《さんそ》が生《う》まれる

約《やく》27億《おく》年前《ねんまえ》から、シアノバクテリアという酸素《さんそ》を作《つく》る細菌《さいきん》が爆発的《ばくはってき》に増《ふ》えたんだ。

12月《がつ》へ

12月《がつ》30日《にち》

新生代《しんせいだい》がスタート

約《やく》6600万年前《まんねんまえ》から。鳥類《ちょうるい》やほ乳類《にゅうるい》が数《かず》を増《ふ》やしたんだ。

最後《さいご》の1日《にち》

12月《がつ》31日《にち》 19時《じ》30分《ぷん》

人類《じんるい》の祖先《そせん》が生《う》まれる

約《やく》700万年前《まんねんまえ》、最初《さいしょ》の人類《じんるい》が誕生《たんじょう》。ホモ・サピエンス（今《いま》の人間《にんげん》）が現《あらわ》れたのは、さらにあとの約《やく》20万年前《まんねんまえ》。

最後《さいご》の1分《ぷん》

23時《じ》59分《ふん》

文明《ぶんめい》が生《う》まれる

約《やく》5500年前《ねんまえ》、エジプトや中国《ちゅうごく》など世界各《せかいかく》地《ち》に都市《とし》がつくられた。

最後《さいご》の1秒《びょう》

23時《じ》59分《ふん》59秒《びょう》

人類《じんるい》が宇宙《うちゅう》へ

1961年《ねん》、人類《じんるい》は初《はじ》めて宇宙《うちゅう》へ飛《と》び立《た》った。宇宙《うちゅう》の歴史《れきし》から見《み》ればごく最近《さいきん》のことなんだね。

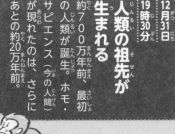

がかくされていた!

ふたご座《ざ》

5/21〜6/21

お兄《にい》さんがいないならぼくも死《し》ぬ!

神《かみ》と人間《にんげん》のあいだに生《う》まれた仲《なか》がいい双子《ふたご》の兄弟《きょうだい》、カストルとポルックス。兄《あに》は人間《にんげん》、弟《おとうと》は神《かみ》でした。ある日《に》人間《にんげん》の兄《あに》カストルが弓矢《ゆみや》で殺《ころ》されてしまいます。でも神《かみ》のポルックスは不死身《ふじみ》で、死《し》ぬことができません。ゼウスにたのんで仲良《なかよ》くならんだ星《ほし》にしてもらったのです。

おひつじ座《ざ》

3/21〜4/19

妹《いもうと》を落《お》としちゃった黄金《おうごん》の羊《ひつじ》

まま母《はは》に殺《ころ》されそうになったテッサリア国《こく》の王子《おうじ》プリクソスと王女《おうじょ》ヘレ。兄妹《きょうだい》を助《たす》け出《だ》すため、神《かみ》ゼウスが遣《つか》いに出《だ》したのは、金色《きんいろ》の毛《け》を持《も》つ羊《ひつじ》でした。兄妹《きょうだい》を乗《の》せ、さあ逃《に》げようと高《たか》く飛《と》び立《た》つと、妹《いもうと》は高《たか》さにびっくりして海《うみ》にまっさかさま。お兄《にい》さんしか救《すく》えませんでした。残念《ざんねん》!

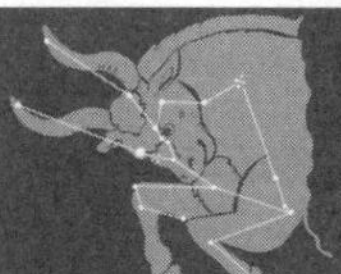

おうし座《ざ》

4/20〜5/20

恋《こい》のためなら牛《うし》になるよ!

フェニキア王《おう》の娘《むすめ》、エウロパ姫《ひめ》に恋《こい》をしてしまったゼウス。真《ま》っ白《しろ》な牛《うし》に化《ば》けて地上《ちじょう》に降《お》りてきて、姫《ひめ》をさらい、地中海《ちちゅうかい》に浮《う》かぶクレタ島《とう》まで連《つ》れ去《さ》ってしまいました。結婚《けっこん》して2人《ふたり》がくらした地域《ちいき》はエウロパ姫《ひめ》の名前《なまえ》から「ヨーロッパ」と呼《よ》ばれるようになりました。

星《ほし》占《うらな》いの12星《せい》座《ざ》には おどろきの物《もの》語《がたり》

おとめ座《ざ》

8／23～9／22

娘《むすめ》がいない4カ月《げつ》は、寒《さむ》い冬《ふゆ》

農業《のうぎょう》の女神《めがみ》・デメテルは大切《たいせつ》な娘《むすめ》・ペルセポネを死《し》の国《くに》の王《おう》にさらわれてしまいます。ゼウスが娘《むすめ》を助《たす》け出《だ》しますが、娘《むすめ》は1年《ねん》のうち4カ月《げつ》は死《し》の国《くに》で過《す》ごさねばならないことに。その間《あいだ》デメテルはなげき悲《かな》しんで泣《な》いて暮《く》らすので、世界《せかい》が寒《さむ》～い冬《ふゆ》になってしまうのです。

かに座《ざ》

6／22～7／22

友達《ともだち》を助《たす》けようとしてふみつぶされた…

勇者《ゆうしゃ》ヘルクレスが9つの頭《あたま》を持《も》つ毒《どく》ヘビ・ヒドラを退治《たいじ》しにやってきました。カニのカルキノスは友達《ともだち》のヒドラを助《たす》けようと、ハサミで立《た》ち向《む》かいます。でも相手《あいて》は神話《しんわ》最大《さいだい》の英雄《えいゆう》ヘルクレス。ペシャンとふみつぶされてしまいました。女神《めがみ》ヘラは、友達思《ともだちおも》いのカニをあわれみ、天《てん》に上《あ》げました。

じゃまだぞおまえ!!
ズーン

しし座《ざ》

7／23～8／22

実《じつ》は人食《ひとく》いライオン、悪役《あくやく》なのさ!

かっこいいイメージのしし座《ざ》ですが、実《じつ》はネメアの森《もり》のやっかいな人食《ひとく》いライオンだったと知《し》っていますか？弓矢《ゆみや》もはね返《かえ》すかたい皮《かわ》を持《も》っていましたが、勇者《ゆうしゃ》ヘルクレスに首《くび》をしめられて退治《たいじ》されてしまいました。ヘルクレスはこのライオンの毛皮《けがわ》を身《み》にまとって暮《く》らしたそうです。

れる神《かみ》様《さま》の物《もの》語《がたり》

いて座《ざ》

11／23～12／21

教《おし》え子《ご》にまちがえて射《い》られてしまった

教養《きょうよう》があり、多《おお》くの教《おし》え子《ご》がいた、いて座《ざ》のケイロン。仲間《なかま》たちのけんかを止《と》めに入《はい》ったら、愛弟子《まなでし》ヘルクレスの毒矢《どくや》がまちがって命中《めいちゅう》。もだえ苦《くる》しみますが、ケイロンは不死身《ふじみ》だったため死《し》ぬことができません。かわいそうに思《おも》ったゼウスが星《ほし》にしてくれたのです。

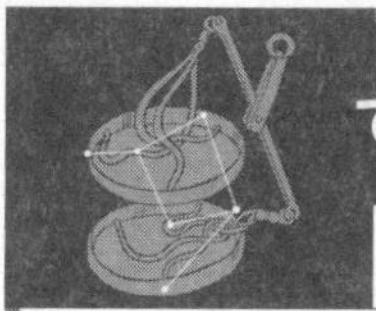

てんびん座《ざ》

9／23～10／23

怒《おこ》って帰《かえ》っちゃった正義《せいぎ》の女神《めがみ》

善悪《ぜんあく》の重《おも》さをはかる正義《せいぎ》のてんびんを持《も》つ女神《めがみ》・アストレア。他《ほか》の神《かみ》が、人間《にんげん》が争《あらそ》ってばかりいることにあきれて天《てん》に帰《かえ》ってしまった後《あと》も、彼女《かのじょ》は人間《にんげん》を信《しん》じ続《つづ》けました。でも戦争《せんそう》は増《ま》すばかり。怒《おこ》ったアストレアはてんびんを置《お》いて天《てん》に帰《かえ》ってしまいました。

え！そんな！
いたい〜〜(泣)
あちゃ〜〜

さそり座《ざ》

10／24～11／22

乱暴者《らんぼうもの》オリオンをやっつけた大《おお》サソリ

猟師《りょうし》オリオンは乱暴者《らんぼうもの》。いつも森《もり》で暴《あば》れています。そんな態度《たいど》に怒《おこ》った神《かみ》は、一匹《いっぴき》の大《おお》サソリをつかわし、オリオンをブスッ！　その毒《どく》でオリオンは死《し》んでしまいました。星《ほし》になっても、オリオンはサソリにおびえて、2つの星座《せいざ》を星空《ほしぞら》で同時《どうじ》に見《み》ることはできません。

失敗《しっぱい》したり 怒《おこ》ったり 人間味《にんげんみ》あふ

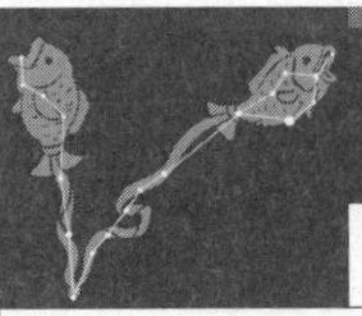

うお座《ざ》

2／19〜3／20

リボンで結《むす》ばれた親子愛《おやこあい》

美《び》の女神《めがみ》アフロディテとその息子《むすこ》エロス。川《かわ》のほとりを散歩《さんぽ》していると、やぎ座《ざ》のパンをおどろかせたのと同《おな》じ怪物《かいぶつ》テュフォンにおそわれます。2人《ふたり》はとっさに魚《さかな》に変身《へんしん》して川《かわ》に飛《と》び込《こ》み、助《たす》かりました。離《はな》ればなれにならないように、しっぽはしっかりリボンで結《むす》ばれているのです。

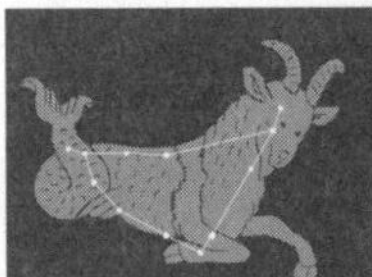

やぎ座《ざ》

12／22〜1／19

変身《へんしん》に失敗《しっぱい》して大爆笑《だいばくしょう》されたヤギ

神々《かみがみ》が川辺《かわべ》で楽《たの》しく宴会《えんかい》をしていると、突然《とつぜん》怪物《かいぶつ》テュフォンが現《あらわ》れます。牧場《ぼくじょう》の神《かみ》パンは、川《かわ》があったので魚《さかな》に変身《へんしん》して飛《と》び込《こ》んだつもりが、あわてていたので上半身《じょうはんしん》はヤギ、下半身《かはんしん》は魚《さかな》という中途半端《ちゅうとはんぱ》な姿《すがた》に。それを見《み》たゼウスが大笑《おおわら》いしてそのまま星座《せいざ》にしてしまいました。

なんだ
そのかっこう!
おもしろ〜い!

みずがめ座《ざ》

1／20〜2／18

ワシに連《つ》れ去《さ》られた美少年《びしょうねん》

羊飼《ひつじか》いの美少年《びしょうねん》ガニュメデス。その姿《すがた》を気《き》に入《い》ったゼウスは大《おお》ワシに変《へん》身《しん》してガニュメデスをさらってしまいます。天《てん》に連《つ》れて行《い》かれた彼《かれ》は、オリンポス山《さん》の神殿《しんでん》で神々《かみがみ》にお酒《さけ》をつぐ仕事《しごと》につきます。彼《かれ》が持《も》っている水《みず》がめには不老長寿《ふろうちょうじゅ》のお酒《さけ》が入《はい》っているそうです。

イラスト：イケウチリリー

おもな参考文献・資料

●『眠れなくなるほど面白い　図解　宇宙の話』渡部潤一・監修（日本文芸社）

●『最新版こども科学わくわく新聞　宇宙天文・恐竜編』渡部潤一・安生健・監修（世界文化社）

●『ニュートン別冊　最新 宇宙大事典 250』（ニュートンプレス）

●『ニュートン別冊　宇宙のすべて』（ニュートンプレス）

●『天文宇宙検定公式テキスト 4級 星博士ジュニア 2023～2024年版』天文宇宙検定委員会・編（恒星社厚生閣）

●『新装版　宇宙図鑑』藤井旭・著（ポプラ社）

●『小学館の図鑑 NEO［新版］宇宙』（小学館）

●『小学館の図鑑 NEO［新版］星と星座』（小学館）

●『週刊 マンガ世界の偉人』48号「ガガーリン」、80号「アームストロング」（朝日新聞出版）

●『世界をうごかした科学者たち　天文学者』ゲリー・ベイリー・文　本郷尚子・訳（ほるぷ出版）

●『科学偉人伝：まんが発明発見の科学史』ムロタニ・ツネ象・著（くもん出版）

●『科学の先駆者たち　①宇宙を目指した人々』（Gakken）

●『科学の先駆者たち　③星の謎に挑んだ人々』（Gakken）

●『科学者伝記小事典』板倉聖宣・著（仮説社）

●『ファースト・マン　上下』ジェイムズ・R・ハンセン・著　日暮雅通・水谷淳・訳（河出書房新社）

●「宇宙（そら）のとびら　第42号（2018年冬号）」

写真・画像クレジット一覧

P22-23：【バラ星雲】Andreas Fink【オリオン大星雲】NASA, ESA, M. Robberto (STScI/ESA) and The Hubble Space Telescope Orion Treasury Project Team【北アメリカ星雲】Davide De Martin (ESA/Hubble), the ESA/ESO/NASA Photoshop FITS Liberator & Digitized Sky Survey 2【創造の柱】NASA, ESA, CSA, STScI【馬頭星雲】NASA, ESA, and The Hubble Heritage Team (STScI/AURA)　P59：【月の足跡】NASA/JSC　P71：【オリンポス山】NASA/JPL　P105：【かに星雲】NASA, ESA and Allison Loll/Jeff Hester (Arizona State University). Acknowledgement: Davide De Martin (ESA/Hubble)【猫の目星雲】ESA, NASA, HEIC and The Hubble Heritage Team (STScI/AURA)【リング星雲】ESA/Webb, NASA, CSA, M. Barlow (UCL), N. Cox (ACRI-ST), R. Wesson (Cardiff University)　P113：【ミッションポスター】NASA　P120-121：【M106 銀河】X-ray: NASA/CXC/Caltech/P.Ogle et al; Optical: NASA/STScI & R.Gendler; IR: NASA/JPL-Caltech; Radio: NSF/NRAO/VLA　P125：【M87 ブラックホール】EHT Collaboration【アルマ望遠鏡】ALMA(ESO/NAOJ/NRAO)　P128：【エウロパ】NASA/JPL/DLR【エンケラドゥス】NASA/JPL/Space Science Institute　P131：【アレシボメッセージ】Arne Nordmann (norro), https://creativecommons.org/licenses/by-sa/3.0/deed.ja　P133：【ゴールデンレコード】NASA/JPL

監修　渡部潤一

1960年、福島県生まれ。天文学者、理学博士。専門は太陽系天文学。小学生のころ、天文学者になることを決意。東京大学、東京大学大学院を経て、東京大学東京天文台に入台。ハワイ大学研究員となり、すばる望遠鏡建設に携わる。2006年に国際天文学連合（IAU）の「惑星定義委員会」の委員として、冥王星を惑星から除外し、準惑星という新しい枠組みに分類することを決めた。自然科学研究機構国立天文台副台長を経て、同天文台上席教授。IAU副会長。日本文藝家協会会員。著書に『第二の地球が見つかる日 ―太陽系外惑星への挑戦―』（朝日新書）、『賢治と「星」を見る』（NHK出版）など。

文　上浪春海、澤田憲、小牧尚子、直木詩帆

イラスト　イケウチリリー、西原宏史、笠原ひろひと、リーカオ、相馬哲也

マンガ　逸架ぱずる

カバーイラスト　フジイイクコ

カバーデザイン　辻中浩一（ウフ）

本文フォーマットデザイン　辻中浩一（ウフ）

本文レイアウト　阿部ともみ（ESSand）

校閲　深谷麻衣、野口高峰（朝日新聞総合サービス　出版校閲部）

資料協力　鈴木喜生

編集デスク　大宮耕一、野村美絵、竹内良介

編集　直木詩帆

あした話《はな》したくなる
わくわくどきどき
宇《う》宙《ちゅう》のひみつ

2024年7月30日　第1刷発行

監修　渡部潤一
編著　朝日新聞出版
発行者　片桐圭子
発行所　朝日新聞出版
〒104-8011
東京都中央区築地5-3-2
電話　03-5541-8833（編集）
03-5540-7793（販売）
印刷所　大日本印刷株式会社

Published in Japan by Asahi Shimbun Publications Inc.
ISBN 978-4-02-332322-3

定価はカバーに表示してあります。

落丁・乱丁の場合は弊社業務部（03-5540-7800）へご連絡ください。
送料弊社負担にてお取り替えいたします。